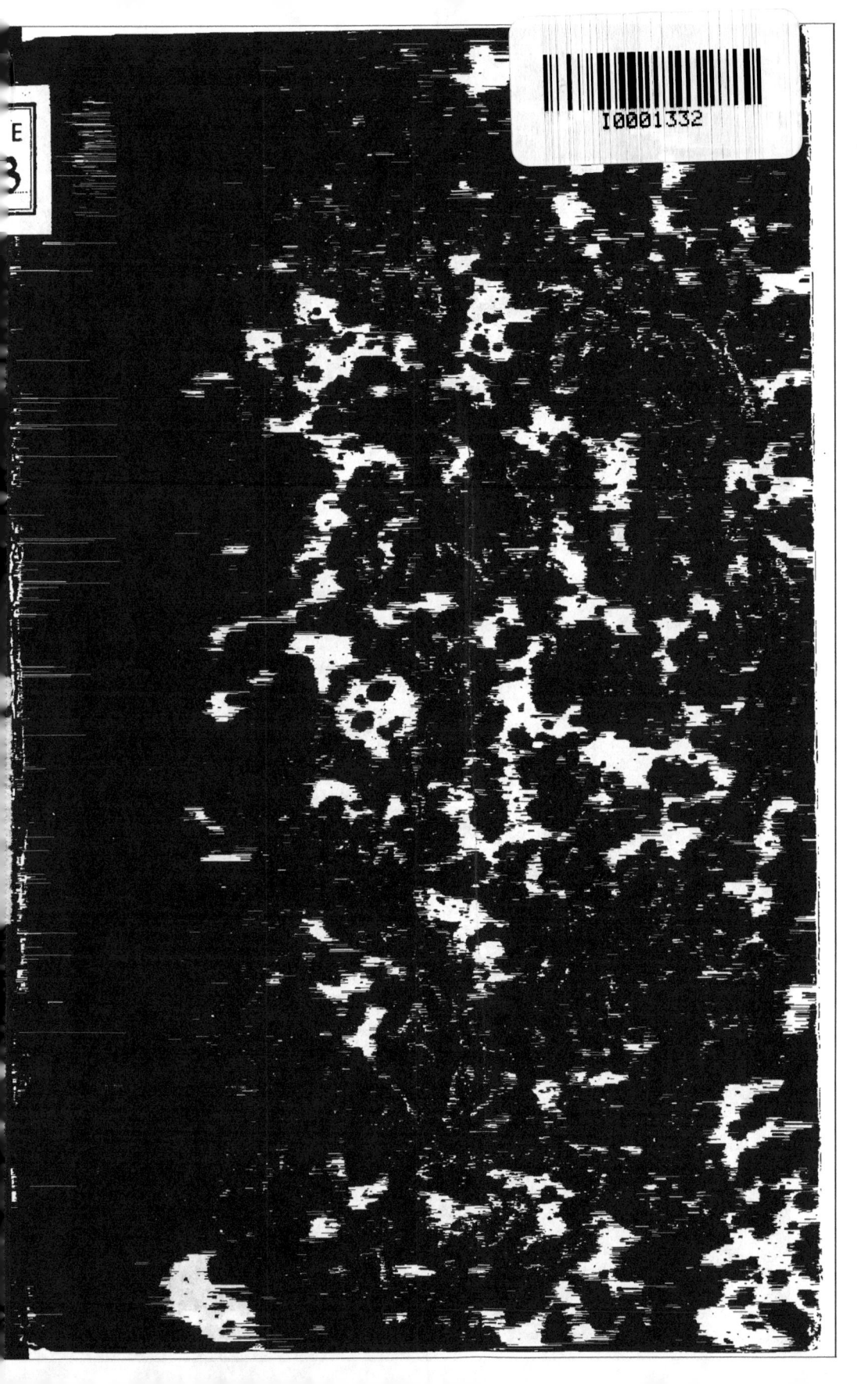

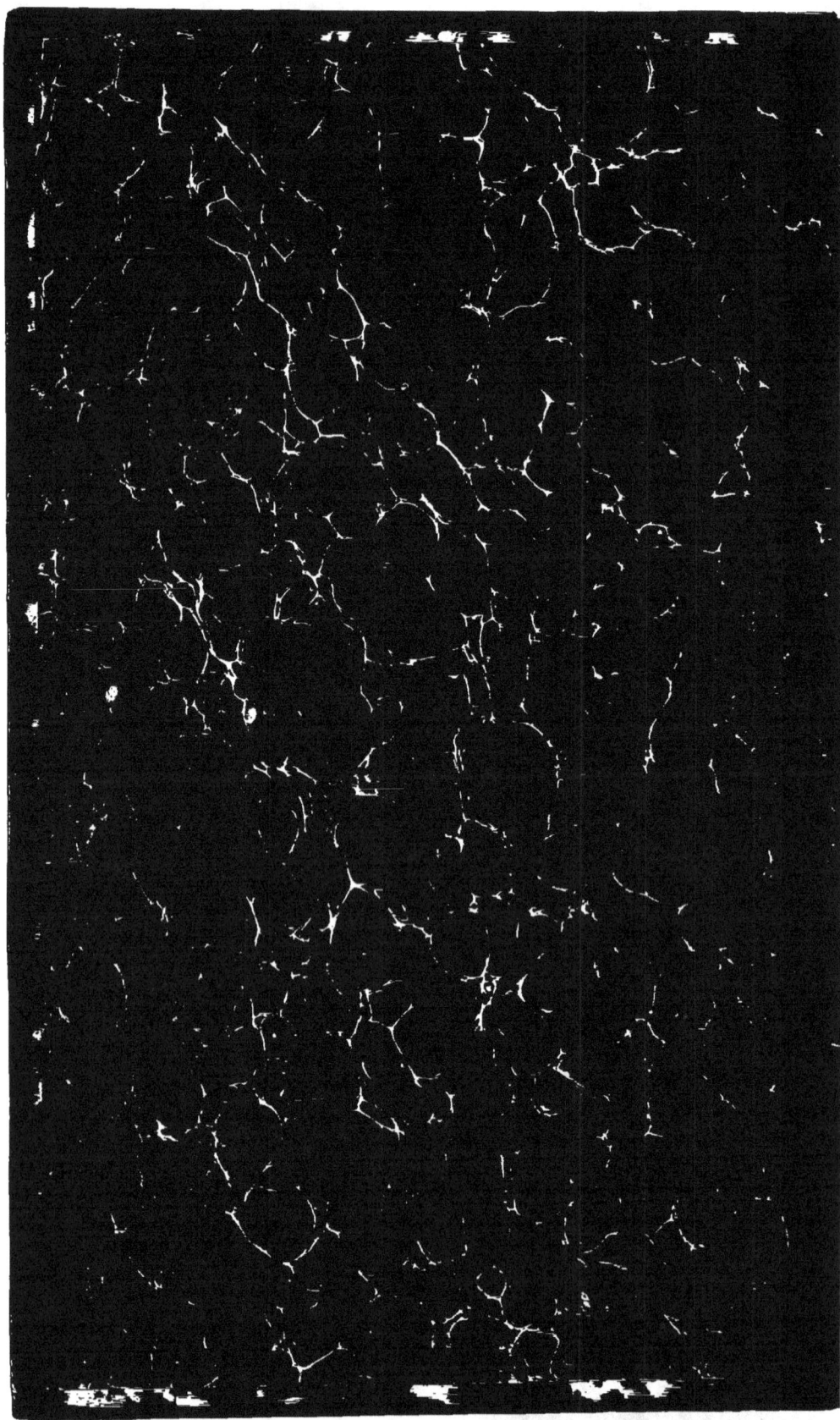

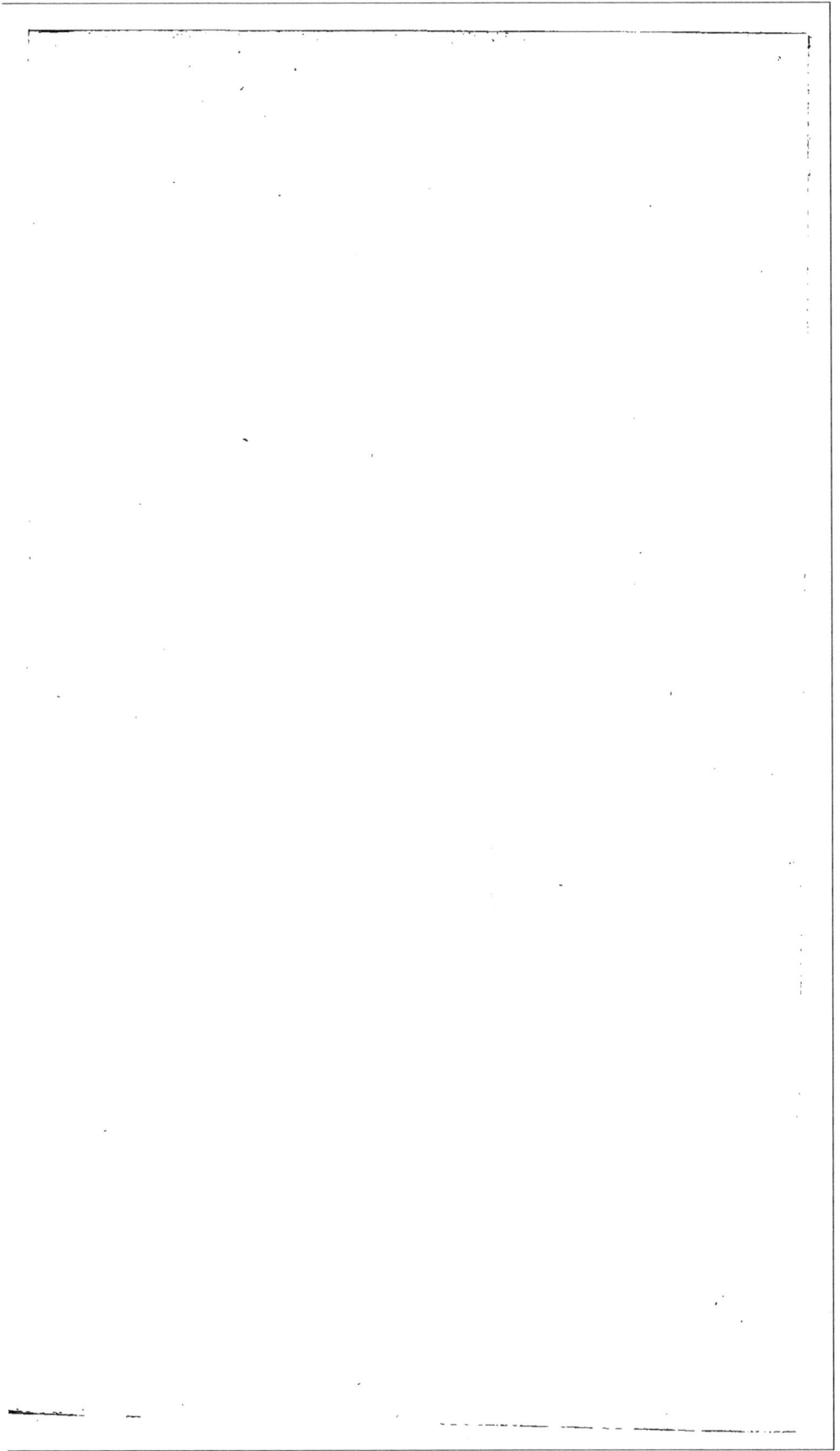

25018

TRAITÉ

DE

LA CULTURE DU MURIER.

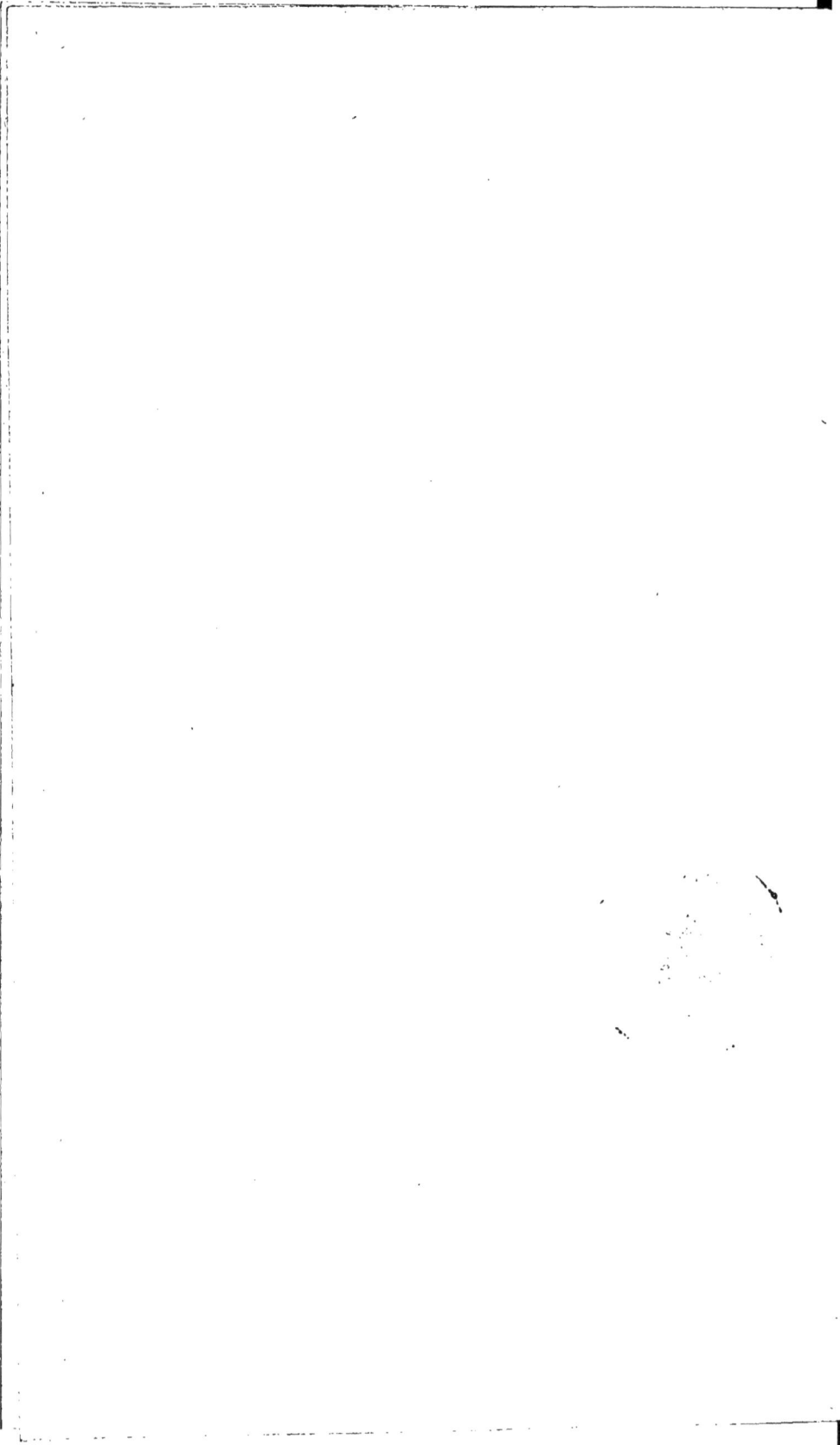

TRAITÉ

DE LA
CULTURE DU MURIER,

PAR

J. CHARREL,

PÉPINIÉRISTE A VOREPPE (ISÈRE),

COMMISSAIRE-INSTRUCTEUR A LA CULTURE DU MURIER, DÉSIGNÉ PAR LA
SOCIÉTÉ D'AGRICULTURE DE GRENOBLE.

BIBLIOTHEQUE HOSPITALIERE
I

GRENOBLE.

CHEZ FÉRARY, LIBRAIRE, ÉDITEUR-PROPRIÉTAIRE, GRAND'RUE.

1840.

Tout exemplaire qui ne sera pas revêtu de la signature de l'auteur sera réputé contrefait et poursuivi conformément aux lois.

GRENOBLE, TYPOGRAPHIE DE F. ALLIER.

PRÉFACE.

L'agriculture, en France, a deux ennemis à vaincre, la ténacité de la routine et le charlatanisme de certains novateurs.

La ténacité de la routine n'a pas toujours tenu au caractère des agriculteurs; elle a eu bien souvent pour cause l'essai de théories hasardées, l'observance de mauvaises méthodes. Trop souvent ces théories, émanées d'hommes étrangers à la pratique, et élaborées au sein des grandes villes, ont été, pour leurs auteurs, plutôt une spéculation littéraire que le résultat de sages expériences, et pour ceux qui les ont essayées, une source d'écoles désastreuses. De-là, le retour aux anciens usages, la continuation des vieux procédés, ou pour mieux dire, le retour à la *routine*.

Parmi les branches de l'agriculture appelées à faire fleurir le pays, on peut citer en première ligne la culture du mûrier. Cette vérité est généralement sentie, et surtout bien comprise par nos gouvernants; le patronage de nos hommes d'État lui paraît acquis. Malheureusement, leur bonne envie de mener à bien tout ce qui se rattache à la prospérité nationale, leur fait quelquefois favoriser l'émission d'ouvrages et de théories hasardés. Autour d'eux se ruent et se pressent une foule d'agriculteurs improvisés, d'entrepreneurs de fermes modèles, tous gens aux mains fines et gantées, à la parole brillante et sentencieuse. Ces Messieurs, qui étudient l'agriculture dans leurs salons ou dans leur bibliothèque, jettent à la tête de nos crédules habitants des campagnes une grêle de méthodes et de procédés absurdes. Malheureusement ces théories hasardées sont quelquefois mises en pratique, et leurs résultats fâcheux dégoûtent le cultivateur de toutes ces innovations et l'obligent à s'en tenir à sa routine.

Pour être bien compris du cultivateur, parlons lui le langage qu'il comprend; disons à l'homme pratique, que le mûrier qu'il doit préférer, est celui dont la forme et la contexture ligneuse, en rapport avec le sol qu'il possède et le climat qu'il habite, peuvent lui promettre des produits assurés. Disons lui que la culture de ce végétal, réglée par sa nature, doit varier et se modifier selon les lieux; armons-nous avec lui d'une serpette et d'un bigot, faisons lui voir et toucher cette écorce, ce liber, ces tubes, ces fibres et ces filaments. Expliquons lui ces phénomènes d'ascension et de rétroaction du fluide séveux, cet échange admirable à l'aide duquel la nature perfectionne ses mer-veilles, alors on nous écoutera, et cette routine que de mauvaises théories enracinent partout, disparaîtra rapide-ment.

Cette branche d'agriculture a donné lieu, jusqu'à présent, à bien des spéculations fâcheuses pour les cultivateurs; après les spéculations littéraires, sont venues les spéculations des pépiniéristes. L'engoûment naturel aux Français, pour toutes les nouveautés, a merveilleusement favorisé ces spéculations. Que du temps et de l'argent perdus pour naturaliser des végétaux dont nous ne devons pas raisonnablement nous permettre la culture, et dont l'importation n'a abouti qu'à enrichir quelques pépiniéristes charlatans !

J'ai eu occasion de me convaincre de la vérité de ce que j'avance, pendant la tournée que j'ai faite dans l'arrondissement de Grenoble en qualité de *commissaire instructeur* à la culture du mûrier. Je n'ai presque nulle part trouvé les planteurs satisfaits de leurs fournisseurs. Rarement la variété promise ou demandée est fournie par le marchand d'arbres, et quand elle s'est rencontrée conforme à la demande, les sujets fournis sont en mauvais état et en partie morts avant leur transplantation.

Il n'est pas surprenant que la culture du mûrier n'ait pas fait des progrès sérieux dans nos contrées ; cette multitude d'opinions diverses, de méthodes contradictoires, résultat indispensable des variantes de la végétation selon les lieux, a dû nécessairement contrarier et entraver ses progrès. Il n'est pas possible qu'à travers ce cahos d'opinions, le cultivateur ait pu distinguer la bonne voie, à moins que, guidé par sa propre expérience, il n'ait, après plusieurs années d'essais, trouvé le genre de culture qui convient au sol et au climat qu'il habite. L'homme pratique est donc celui qui est appelé à faire progresser cette culture.

Jetons un rapide coup-d'œil sur les diverses méthodes connues jusqu'à ce jour, depuis Olivier de Serre jusqu'à M. Frescinet ; nous y voyons que les uns recommandent la taille annuelle, d'autres la proscrivent complètement; les uns veulent des mûriers taillés en forme de gobelets, d'autres en forme de peupliers d'Italie. Les uns recommandent la race blanche, les autres la noire ; plus tard les innovateurs nous lancent des théories admirables sur le multicaule, le moretti et autres variétés dont les noms seuls leur ont valu de la célébrité ; il y en a même qui inventent une espèce particulière d'arbustes, et nous disent sérieusement : il y a *des mûriers nains*, et ces dernières absurdités, exploitées par les pépiniéristes avides, viennent à la fois vider la bourse des planteurs et enraciner chez eux la routine. Dans quelle pépinière, dans quel pays faut-il que le planteur aille chercher ses plants, sur la hauteur, la forme et l'es-pèce desquels personne n'est d'accord ?

Je suis, peut-être, bien audacieux de me présenter dans la lice ; mon intervention dans ce conflit ne peut être d'un grand poids ; mais je me présente armé de vingt années d'expérience pratique ; j'ai parcouru une partie du globe, j'ai visité presque toutes les contrées où le mûrier se cultive ; partout où j'en ai rencontré un, j'ai observé le sol et le climat qu'il habitait, la race, la variété et le sexe auxquels il appartenait, les soins qui avaient présidé à son accroissement. J'ai joint à ces observations l'expérience et la pratique, et ces nombreux essais m'ont convaincu de l'importance de bien faire comprendre que la culture de ce végétal devait varier et se modifier selon les lieux où on le place ; que le choix des espèces surtout devait suivre les mêmes variantes que la culture elle-même ; qu'il con-vient de démontrer que certaines pratiques, telles que taille, greffe, ébourgeonnement, etc., doivent se modifier et varier de formes, s'opérer dans certains lieux tout autrement que dans certains autres, et être divisées, classées et prescrites pour chaque localité.

Cet ouvrage est le fruit de mes observations et résume mes expériences; je le livre avec confiance à mes concitoyens, mon seul but étant de leur être utile; ma plus grande récompense sera d'apprendre que j'ai pu, en quelque chose, contribuer à leur prospérité.

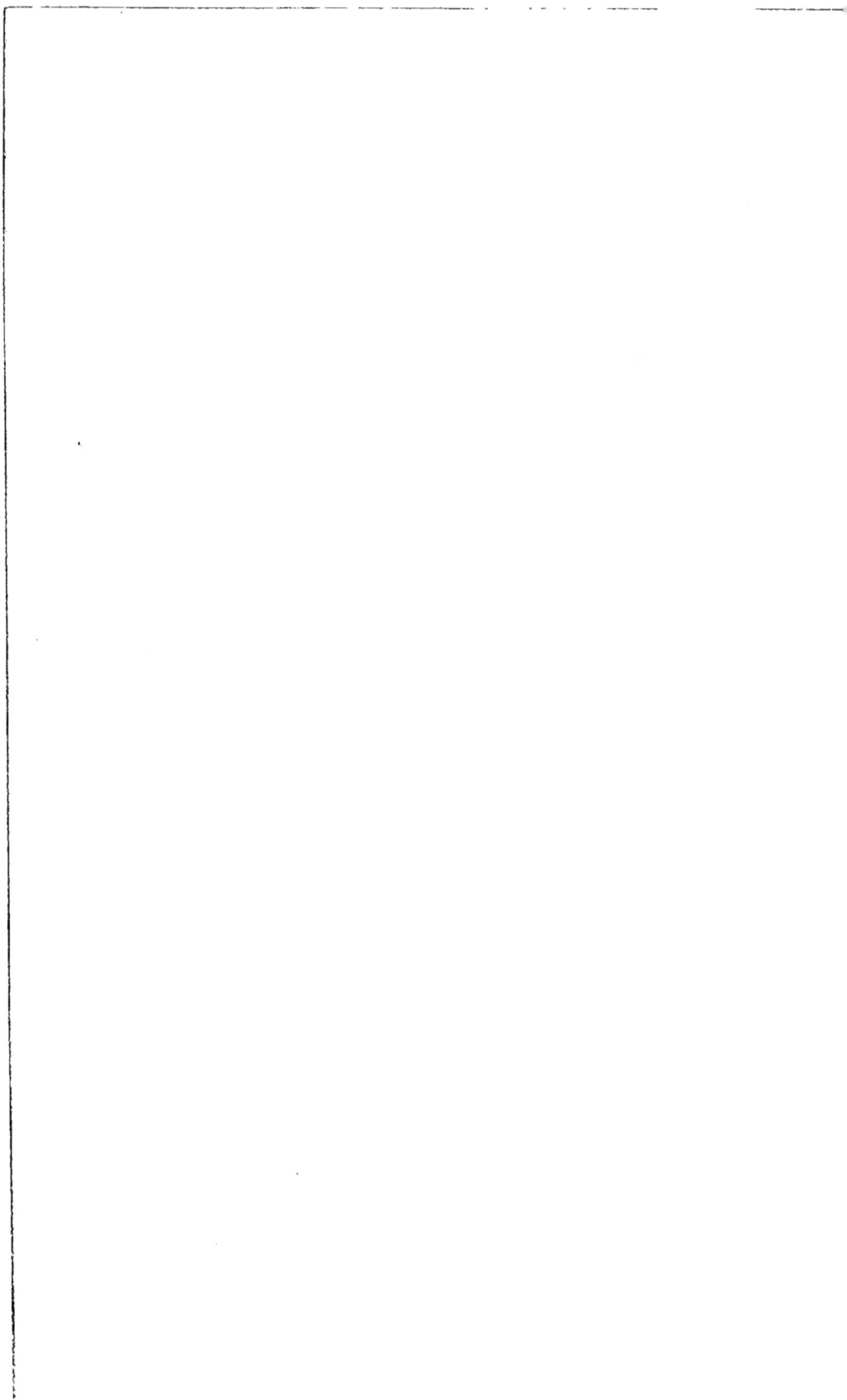

TABLE DES MATIÈRES.

xij

TRAITÉ

DE LA

CULTURE DU MURIER.

CHAPITRE Ier

§ Ier

De la culture du mûrier en général.

Cette culture, longtemps négligée dans notre département, commence à y prendre de l'extension. Nos
cultivateurs commencent à en comprendre l'importance. De
vastes plantations s'établissent de toutes parts. Partout
les Dauphinois laborieux se préparent à faire une rude
guerre à l'industrie transalpine ; mais soit que l'expérience ne les ait pas encore assez instruits sur cette
matière , soit qu'ils aient pensé que la culture de cet
arbre devait être la même que celle des autres arbres à
haute tige qu'ils avaient précédemment cultivés , j'ai remarqué, qu'à l'exception de quelques localités où des planteurs
éclairés avaient donné à cette industrie quelques développements, la majeure partie de nos cultivateurs n'y entendaient rien , beaucoup même, manquant de guide à cet

égard, expérimentent eux-mêmes, et donnent à cet arbre précieux des soins absolument contraires à ceux que sa nature exige; d'autres n'en donnent aucun, et cette branche de notre industrie agricole, appelée à faire fleurir le pays, est encore dans son enfance.

Grand nombre d'agronomes éclairés, d'écrivains distingués ont cependant traité avant moi cette importante question. Tous, mus par un sentiment louable de patriotisme, ont voulu communiquer à leurs concitoyens le fruit de leurs expériences; mais soit qu'ils s'en soient rapporté à leurs propres lumières, soit qu'ils aient puisé leurs connaissances dans les auteurs qui les ont précédés, tous n'ont fourni jusqu'à présent que des méthodes applicables à certaines localités ou à certains climats; et ces méthodes, excellentes pour certains pays, peuvent être absolument contraires dans d'autres.

Je suis peut-être un peu trop présomptueux, en pensant que je franchirai une borne, que n'ont pas encore franchie les auteurs qui ont traité cette matière avant moi; j'espère pourtant prouver que la culture du mûrier ne doit pas être la même partout, que toutes les espèces ne conviennent pas à tous les sols et à tous les climats.

Le département de l'Isère est peut-être le seul en France qui possède un immense variété de sols et de climats. On peut y rencontrer dans un même jour; les rayons brûlants du soleil de Provence et les régions glacées de la Sibérie; le sol léger et siliceux d'Afrique et le sol compacte et argileux des plaines du nord; une végétation orgueilleuse, colossale, à côté d'une végétation rachitique. L'aspect de cette différence

de végétation m'a convaincu que la culture de tous les
végétaux ne devait pas être la même partout ; que le
mûrier ne devait pas se cultiver dans les climats froids
comme dans les climats tempérés , et dans ceux-ci
comme dans les climats chauds ; que cette culture devait
encore varier selon le sol, et devait même se régler sur
la vigueur ou la faiblesse de chaque sujet.

Cette immense variété de sols et de climats, ce luxe
de végétation que l'on ne rencontre nulle part en France
comme dans le département de l'Isère, appelle ses habitants à faire faire à cette industrie les plus grands progrès.
Ce sont eux qui sont appelés à contribuer le plus puissa-
ment à éteindre le tribut énorme que la France paie encore
à l'étranger. Cette vérité est déjà sentie par nos cultivateurs éclairés. Je regarde donc comme opportune la pu-
blication d'un ouvrage sur cette culture. C'est je crois le
moment d'enseigner à ceux que leur expérience n'a pas
assez instruits, ou à ceux qui l'ont négligée, à renoncer
à ces vieilles habitudes, à cette routine dont la continuation
sera un éternel obstacle à la prospérité de leurs plantations.

Ma tâche est difficile. Combattre la routine et la détruire
par une méthode bonne en tous points et applicable à
toutes les localités , est peut-être un travail au-dessus de
mes forces. Malgré toute l'attention que j'ai mise à observer
les diverses localités de notre département, à rechercher
les causes de prospérité ou de décadence, l'origine des
maladies des mûriers et les remèdes propres à les prévenir
ou à les guérir, je ne doute pas qu'une infinité de choses
m'aient échappées. Cette crainte ne m'arrêtera pas ; je

livre à mes compatriotes les fruits de mes observations et de mes expériences. Depuis vingt années j'étudie la culture de ce précieux végétal dans notre département, dans le Languedoc, la Provence, l'Italie, et dans toutes les contrées où cette industrie a acquis quelques développements ; je réunirai dans cet ouvrage tous les procédés qui m'ont paru bons et applicables à nos contrées, et je prierai ceux de mes compatriotes qu'une expérience plus longue et meilleure que la mienne aurait mieux instruits sur cette matière, de faire comme moi, de publier ce qu'ils savent; il en résultera un bien général, et nos efforts réunis contribueront à la prospérité du pays.

Notre première tâche sera de détruire, par tous les moyens de persuasion possibles, ce préjugé fâcheux, malheureusement trop enraciné dans nos contrées, préjugé qui se résume en une phrase proverbiale : *on plantera tant de mûriers que cela ne vaudra plus rien.* Cette funeste appréhension, accréditée par quelques souvenirs qui se rattachent à des époques malheureuses, ou par d'autres faits résultant de certaines cultures dont le trop grand développement aurait excédé la consommation, a jusqu'à présent empêché et arrête encore la rapide extension de celle du mûrier. Tous nos cultivateurs ne savent pas, ou ne peuvent pas croire que la France ne produit pas même la moitié de la soie nécessaire à alimenter nos fabriques. Il importe de leur persuader que nos industriels en tirent annuellement de l'Italie et du Piémont pour des sommes énormes, et que ce n'est qu'en plantant beaucoup de mûriers que nous parviendrons à exonérer le pays du tribut qu'il paie à l'étranger.

Nous sommes bien loin de cette époque de vandalisme,
où la destruction des mûreraies fut considérée comme un
acte de patriotisme, loin de 93, où la plus grande partie
de ces arbres précieux fut offerte en holocauste à la philo-
sophie de l'époque. Malgré le goût bien connu de la nation
française pour le changement, malgré cette tendance incessante vers un avenir meilleur, ce désir du mieux ne peut
que donner de l'extension à cette culture. Plantons donc, et
ne craignons pas pour ces arbres précieux le sort des
mûriers séculaires que 93 vit abattre ; quelle que soit la
forme de gouvernement que le hasard ou le temps nous
réserve, la république, l'empire ou la royauté, considé-
rons toujours de bon œil tout ce qui contribuera à la prospérité de la France.

Il me serait impossible d'apprécier au juste la quantité
de soie que la France produit annuellement, je n'ai fait là
dessus aucunes recherches ; ce que je puis affirmer, c'est
qu'elle pourrait en produire beaucoup plus. Le département
de l'Isère surtout supporterait, sans nuire à la culture des
céréales, la plantation de dix mûriers au lieu d'un, sans
qu'il fût besoin d'y consacrer d'autres terrains que ceux qui
sont envahis par une infinité d'arbres plus nuisibles que
productifs. Le peuplier, le saule, le frêne, l'aulne et
quelques autres arbres insignifiants occupent dans nos
chenevières une place bien précieuse ; les feuillages ou le
bois qu'ils produisent sont de très-mauvaises qualités ; il
conviendrait de remplacer immédiatement ces lignes de
saules et de peupliers par des haies de mûriers, dans lesquelles on planterait, à des distances convenables, des
mûriers à haute tige ; alors, non seulement on obtiendrait

par ce changement un produit de branches supérieur , mais encore l'ombre et les racines des mûriers feraient éprouver aux autres cultures une moins grande perte.

Il ne nous manque pas d'endroits très-propres à la culture du saule et du peuplier. Les franches alluvions de rivière , les marais qui perdent leur produit par le dessé- chement ou par l'élévation progressive du sol , offrent dans nos contrées de très-vastes emplacements propres à y établir des forêts de peupliers d'Italie. Je pourrais désigner , dans notre département , beaucoup de vastes étendues de terrains qui furent naguère des marais , dont le sol encore trop aqueux ne convient pas à la culture du mûrier ou des céréales , mais conviendrait parfaitement à la plantation de peupliers d'Italie en forêts. Ces terrains pourraient acquérir une valeur de 15 à 20,000 fr. par sétérée au bout de vingt ans. C'est là qu'il faut reléguer le saule et le peuplier ; leur végétation y sera infiniment plus belle que dans les terrains les plus propres à la culture du mûrier.

Il appartient aux riches propriétaires , qui , par l'étendue du sol qu'ils possèdent, peuvent tripler et quintupler les produits de la France , de donner ce salutaire exemple à ceux de leurs voisins qui ont besoin d'être stimulés et encouragés. Ce sont eux qui doivent les premiers abattre ces entourages de saules et les remplacer par des mûriers; c'est aux agriculteurs éclairés qu'il appartient d'enseigner , par l'exemple , la culture sage et raisonnée de cet arbre précieux. Leurs voisins les imiteront , et l'émulation si naturelle à l'homme deviendra pour nos pays une source féconde de richesses.

Quelques incrédules tiendront encore à leurs lignes de

saules ; beaucoup de cultivateurs de notre département,
habitués à la culture du chanvre et des céréales , se déci-
deront difficilement à abandonner leur routine ; la plupart
ne croiront pas à la possibilité d'augmenter leurs produits
dont ils croient avoir atteint le maximum ; d'autres diront
que les mûriers leur feraient perdre sur les céréales une
valeur égale à leur produit. Il n'est pas difficile de leur
prouver qu'ils se trompent. En effet , si l'on remplace par
des mûriers les saules et les peupliers qui bordent la
majeure partie des terres nues de nos plaines , au lieu
d'avoir sur nos céréales un ombrage perpétuel , nous ne
l'aurons qu'aux époques où cet ombrage au lieu d'être
nuisible est , au contraire , propice. Lorsque les premières
chaleurs du printemps peuvent nuire aux récoltes encore
tendres , le mûrier couvert de toutes ses feuilles peut les
protéger contre la chaleur , et lorsque ces mêmes récoltes
ont besoin du soleil pour acquérir leur maturité, le mûrier
dépouillé de son feuillage permet au soleil de les mûrir ,
et ce qui est incontestable , c'est qu'en se couvrant de
nouvelles feuilles il peut encore protéger les récoltes au-
tomnales contre les rayons brûlants du soleil d'été.

Je ne puis m'empêcher d'établir ici une comparaison
entre les produits du saule et du mûrier : cent cinquante
saules de dix années entourent une sétérée de terre : au
bout de quatre années d'attente ils donnent chacun un
revenu de **1** fr. Quarante mûriers à haute tige les rem-
placent ; en les soignant convenablement, chaque mûrier
au bout de dix ans doit produire 5 fr. par an , ce qui est
un revenu annuel de **200** fr. au lieu de 37 fr. 50 c. Si
cette comparaison , dont chaque cultivateur est à même

d'apprécier la vérité, ne suffit pas pour déterminer tous les propriétaires de saules à les arracher, je crois qu'il ne reste qu'un moyen de les y décider, c'est l'exemple. Quand les retardataires auront sous les yeux les plantations de leurs voisins, quand ils compareront eux-mêmes leurs produits avec ceux des autres, je suis bien convaincu que les plus entêtés routiniers se rendront à l'évidence.

Il est encore un motif qui a contribué puissamment à arrêter les progrès de cette culture dans notre département, c'est l'aspect rachitique et crétin de la plupart de nos mûriers. Beaucoup de cultivateurs ont pensé que notre sol et notre climat ne convenaient pas à cet arbre. C'est une bien grave erreur, de laquelle reviendront tous nos concitoyens quand ils verront que, dans le sol le plus propre à la culture du mûrier, sa végétation y sera absolument nulle s'il ne reçoit pas des soins convenables, ou s'il en reçoit de contraires à ceux qu'il exige. Il n'est pas extra-ordinaire de voir, dans le même sol, des mûriers vigoureux et de belle venue à côté d'autres chétifs et rabougris. D'où cela peut-il provenir, sinon du manque de soin ou d'un mode de culture contraire à celui qu'exigent la nature de l'arbre, le sol et le climat que l'on habite.

Voilà les principaux motifs qui m'ont décidé à publier cet ouvrage. L'aspect de la presque généralité des mûriers de notre département, leur végétation susceptible d'être mieux dirigée, et de là leur produit augmenté, le désir de voir prospérer le pays, sont pour moi un bien puissant véhicule. J'entreprends une tâche peut-être au-dessus de mes forces ; j'espère cependant, qu'en faisant connaître le résultat de mes observations et y joignant les conseils que j'ai pris des hommes les plus éclairés sur cette culture , j'espère , dis-je , pouvoir contribuer en quelque chose au bien-être de mes concitoyens.

Je préviens mes lecteurs que je n'ai pas la prétention de condamner les méthodes des divers auteurs qui ont traité la matière avant moi. Toutes celles que j'ai lues contiennent de très-bonnes choses ; l'observance de leurs préceptes peut convenir à certaines localités , mais en revanche elle peut devenir nuisible dans d'autres ; le sol et le climat modifiant la végétation à l'infini , doivent nécessairement modifier la culture , et par conséquent rendre dangereux pour un pays les préceptes bons pour un autre. J'ai cultivé dans le même sol des mûriers d'après diverses méthodes ; la différence de leur végétation et de leur accroissement m'a convaincu que celle que je m'étais faite était la meilleure pour le sol et le climat que j'habite , et pour tous les sols et les climats semblables au mien. Il en est même qui ont péri par la continuation des méthodes applicables aux mûriers d'Italie ou de Provence.

Je bornerai ici mes réflexions sur l'importance de cette culture. Si je me suis longuement étendu sur ce sujet , c'est que j'ai pensé que ce qui est une vérité reconnue par les habitants du midi est encore un problème pour ceux du nord, et que, dans notre département surtout, il existe sinon beaucoup d'incrédulité, du moins beaucoup d'insouciance. Je terminerai cet avant propos par quelques réflexions générales sur la nature du mûrier , sur la géologie générale du département, la désignation des natures de sols et de climats où cette culture doit être propagée , et sur le plan de cet ouvrage.

L'historique de ce végétal et de son introduction dans nos contrées est une science que je regarde comme inutile au planteur. La famille des végétaux à laquelle il appartient serait une connaissance plus nécessaire aux cultivateurs de mûriers, si tous ceux qui sont appelés à faire fleurir cette industrie avaient assez d'instruction pour en connaître la contexture, pour apprécier au juste de quels sucs il se nourrit, comment la nature agit en lui, en un mot pour aider cette nature dans ses admirables fonctions. C'est bien en partie à cette connaissance que je dois le peu de savoir que je me permets aujourd'hui de communiquer à mes concitoyens.

Je place ce végétal, avec Jussieu, dans les *urtuées*. Les soins qu'exige cette classe de végétaux sont la base de ma méthode ; ces soins modifiés par la différence de sol ou de climat formeront divers chapitres, dans lesquels je tâcherai de me rendre aussi intelligible que possible.

Ce qu'il importe le plus de savoir à tous les planteurs de mûriers, c'est que la nature a placé ce végétal dans la grande famille ; il est destiné par elle à former un arbre de haute tige. Trop souvent, malheureusement, voulant nous établir en réformateurs des ouvrages de cette admirable nature, nous avons voulu faire jouer à cet arbre un rôle auquel il n'est pas destiné ; nous avons essayé de le réduire à l'état d'arbuste ; non seulement nous nous sommes écartés de la route que nous devions suivre, mais encore nous avons perdu par ce contre-sens une grande quantité de produits. Il n'est pas de mûriers nains proprement dit ; cet arbre appartient à la famille des grands végétaux ; il est interdit par la nature de lui faire jouer un rôle autre que celui qu'elle lui assigne, surtout lorsque nous le planterons dans un sol assez riche, et dans un climat assez chaud pour développer en lui les facultés dont il est doué ; nous commettrions également un contre-sens si nous agissions dans les terrains pauvres et les climats froids, comme dans les climats chauds et les terrains riches. Ainsi je me résume et je dis, que le sol et le climat devant servir de guide à cet égard, la différence de sol et de climat modifiant le mode de culture de la première à la dernière classe de sols et de climats, nous devons trouver tous les échelons par lesquels nous arrivons graduellement de la première à la dernière classe de mûriers.

Il est peu de communes dans notre département qui ne contiennent sinon toutes les classes de climats, au moins toutes les classes de sol, où par conséquent on ne puisse cultiver toute espèce de mûrier, et l'on peut trouver dans le département de l'Isère des points de comparaison pour le reste de la France.

L'élévation de la tige, la distance des plantations, et tout ce qui se rattache à cette culture devra donc être réglé par le climat et le sol où cette plantation aura lieu ; quel qu'il soit, soyons toujours convaincus qu'il ne nous appartient pas de rien changer à l'ordre admirable qui règne dans tous les ouvrages du créateur ; que nous ne pouvons, dans aucun cas, régler ou façonner à nos caprices ce qui fut fait par une intelligence au-dessus de notre portée ; que notre rôle est d'observer et d'aider cette nature dans ses incompréhensibles fonctions, et enfin que tout ce qui dérange ou contrarie ce qui fut fait par une main plus habile que la nôtre, est d'un usage pernicieux et contraire à nos intérêts. Plein de cette vérité, j'ai toujours réglé ma méthode sur ces immuables principes, et mon attente a été plus que satisfaite. Ainsi je n'enseignerai pas le moyen d'avoir des plants de mûriers monstres, des feuilles de mûriers monstres, mais j'enseignerai celui d'avoir des arbres dont l'accroissement progressif et régulier garantisse la santé et la durée, dont la forme, à portée de la main de l'homme, ne contrarie pas celle de la nature, et dont l'aspect vigoureux satisfasse l'œil en même temps qu'il remplira la bourse du planteur ; j'indiquerai enfin les espèces qui conviennent à chaque localité.

§ II.

Classifications des sols et des climats.

Pour faire goûter ma méthode, il est important d'abord de la faire comprendre. J'ai dit plus haut que la culture du mûrier ne pouvait pas être la même partout, que les variétés de sol et de climat devaient la modifier à l'infini. Il m'est, en conséquence, devenu indispensable de former plusieurs classes de sol et de climat, afin de régler la culture qui convient à chacune d'elles.

Comme il serait impossible au plus intrépide théoricien de suivre la nature dans toutes ses variétés, d'écrire pour toutes les nuances, dont l'infini est au-dessus de l'intelligence humaine, j'ai pensé qu'une division en quatre classes devait suffire pour les cultivateurs tant soit peu éclairés ; bien entendu que je prends mon type de première classe dans le département de l'Isère, ne pensant pas devoir écrire pour le midi de la France, où cette culture, à quelques fausses coutumes près, a pris tout le développement dont elle est susceptible. Ainsi, dans la première classe seront compris les sols riches et les expositions chaudes ; dans la deuxième, les sols riches et les expositions un peu moins que tempérées ; dans la troisième, les sols médiocres et les expositions chaudes, ou les sols riches et les expositions fraîches, et dans la quatrième, les sols pauvres à expositions chaudes ou les sols médiocres à expositions froides.

J'entends par sols riches ceux qui, composés de substances calcaires, de silex, d'humus, de chiste, de substances tourbeuses, d'une très-faible quantité de gypse ou d'argile, sont légers, friables et parfaitement perméables, en un mot propres à la culture du chanvre et de toutes les récoltes qui se cultivent dans nos contrées. Notre département de l'Isère en contient beaucoup : la presque totalité des alluvions d'Isère, les versants de nos montagnes, en en exceptant les abords des torrents dont le sol délavé et couvert de cailloux n'offre que peu de chances de prospérité pour la culture du mûrier. Toutes ces immenses plaines que baigne l'Isère présentent une très-heureuse combinaison de substances terreuses ; partout le mûrier peut y trouver son Éden. Les terrains dont je viens de parler seront ce que j'appelle le type de la première classe de sol. Classer les climats ne sera pas une chose aussi facile ; je ne me servirai pas du thermomètre pour en indiquer les variations ; je chercherai un terme de comparaison que je crois mieux à la portée des cultivateurs pour lesquels j'écris. Toutes les localités exposées au levant, midi ou couchant, abritées des vents du nord, propres à la culture de la vigne, où le raisin acquiert une parfaite maturité, seront classées dans la première classe de climat, et pour type je prendrai les deux rives de l'Isère, toute notre vallée du Graisivaudan, à partir de Saint-Gervais jusques et plus loin qu'Albert-Ville (Savoie); à quelques petites exceptions près, on trouvera partout la première classe de climat. Il est beaucoup d'autres localités dans le département et dans les départements voisins qui se trouvent dans la même hypothèse. Ainsi, lorsque les premières qualités de sol se rencontreront avec la première qualité de climat, ou ce qui est plus facile à comprendre, partout ou l'on peut cultiver le chanvre et obtenir des raisins bien mûrs, on peut posséder des mûriers de première classe.

Dans la deuxième classe de sol, je comprendrai ceux dont la composition moins heureuse que celles des précédentes, contiendront ou une trop grande quantité de silex, ou pas assez de silex et trop de gypse ou d'argile; ceux qui ont besoin d'être défoncés pour acquérir de la perméabilité; ceux qui d'une heureuse composition, se trouvent placés de manière à craindre le sec; en un mot ceux que nous appellons chez nous terrains grèles, où le chanvre ne peut se cultiver qu'à force d'engrais; cette classe de sol est la plus abondante partout. Les grandes plaines du département de l'Isère, et la majeure partie de celles des départements voisins, se trouvent appartenir à ce que j'appelle la deuxième ou troisième classe de sols.

La deuxième classe de climat est celle où le raisin n'acquiert qu'une maturité imparfaite; de cette deuxième classe dépendent les localités exposées au vent du nord, quoique rapprochées des localités de première classe. Les cantons de Voiron, de Rives, de la Côte-St-André, et autres analogues pourraient fournir le type de la deuxième classe de sols et de climats. On pourra dans cette deuxième classe cultiver le mûrier de deuxième et de troisième, aux plus heureuses expositions près, où l'intelligence des planteurs trouvera la place de quelques mûriers de première. Mais en général un sol médiocre dans un climat chaud, ou un sol riche dans un climat un peu moins que tempéré, doit donner lieu à la culture du mûrier de deuxième classe.

La troisième et dernière classe de sol comprendra les terrains que nous appellons pauvres, ceux composés presque en totalité de silex ou de granit pulvérisé, de substances crayeuses, ou ceux où l'argile ou le gypse domine ; dans ces terrains, la végétation sera peu de chose, si nous ne suppléons pas par la culture à ce que la nature leur a refusé. La plupart d'entr'eux ne sont pas susceptibles d'une bien grande amélioration : beaucoup se trouvant superposés à une couche compacte de pudding naturel, ou de graviers purs, et ne possédant qu'une couche peu épaisse de terre végétale, ne sont pas mêmes propres à être défoncés, s'ils sont légers et friables ; ils seront néanmoins préférables aux terrains argileux desquels on ne pourra jamais rien tirer pour la culture du mûrier. On pourra encore y cultiver des mûriers de quatrième classe, à moins que la chaleur du climat ne puisse donner ce que le sol refuse, alors on y cultiverait le mûrier de troisième.

La troisième classe de climat sera celle la plus voisine des lieux où l'on cultive la vigne, celle ou le raisin ne mûrit

que lorsqu'il est placé contre un mur exposé au midi.
L'arrondissement de la Tour-du-Pin nous offre beaucoup
de localités dépendantes de cette troisième classe. Le mûrier
de troisième classe doit s'y cultiver, on pourra même y trouver
quelques heureuses expositions où la richesse du sol
permettra d'y cultiver le mûrier de deuxième classe.

Enfin la quatrième classe de climat est celle où la vigne
ne peut pas se cultiver. Dans ce climat on peut encore,
lorsque le sol est bon, obtenir de grands produits du mûrier.
Le nord de la France, les sommités des départements du
midi où cette culture est ignorée, pourraient s'y livrer avec
la sûreté de réussir; le choix des espèces de mûriers, le
mode de culture peuvent amener dans ces localités les plus
heureux résultats. Nos plaines de Bièvre, du Lière, de
La Valloire, de St-Laurent-de-Mure, et autres analogues,
(les sols argileux et gypseux toujours exceptés), peuvent
cultiver avec succès le mûrier de quatrième classe.

Cette classification suffira, je pense, aux planteurs tant soit
peu intelligents; elle fera comprendre surtout l'importance
de modifier la culture du mûrier, et de la régler sur le
sol et le climat que chaque planteur habite.

Le sol de la France est presque tout entier propre à
la culture du mûrier; on ne doit excepter que les parties
trop élevées de nos montagnes, les sommités des coteaux
du nord, et les versants de ces montagnes et de ces coteaux
inclinés au nord, les terrains gypseux, argileux et compactes, les trop fraîches alluvions de rivières et les marais;
partout ailleurs, quoiqu'en aient dit quelques écrivains sur
cette matière, qui ont limité cette culture aux lieux où
la vigne se cultive, partout dis-je, on peut tirer du mûrier
d'immenses produits.

Les terrains classés ci-dessus à la deuxième et troisième classe, sont ainsi classés par rapport à l'état dans lequel ils se trouvent; mais il n'est pas douteux que beaucoup d'entr'eux peuvent devenir d'une qualité supérieure. La majeure partie de ces terrains est susceptible de bonification; tel qui se trouve, par rapport à son aridité, dans un état de presque nullité de produit peut devenir fertile étant défoncé; tel autre dont la couche superficielle composée d'argile, cache à une profondeur d'un ou deux pieds, une composition de sol plus heureuse, peut devenir très propre à la culture du mûrier en le renversant sens dessus dessous. Ces opérations sont, il est vrai, très-coûteuses, mais la valeur que le sol acquiert, les produits qu'il donnera par la suite auront bientôt indemnisé de la dépense. Les marais que l'on dessèche parfaitement, peuvent également devenir des localités très-propres à cette culture. Au nombre des localités de notre département susceptibles d'être rendues propres à la culture du mûrier, on pourrait citer la plaine de Bièvre, la composition de son sol est certainement préférable à celle du sol de la plaine de la Bayanne, entre Romans et Valence; l'enlèvement des gros cailloux et le défoncement du terrain pourraient encore l'améliorer beaucoup, le climat pourrait sinon s'opposer à la culture du mûrier, du moins nécessiter des travaux propres à pallier les fâcheux effets du vent du nord; comme par exemple: l'entassement des cailloux enlevés, du côté du nord, ou la plantation d'une ligne compacte d'arbres tels qu'on en plante dans les plaines de Provence pour arrêter les effets des vents de nord-ouest ou *mistral*. Je ne conseillerais pas d'y planter comme dans la plaine de la Bayanne des mûriers de première et deuxième classe, mais je suis sûr que les mûriers de troisième et quatrième classe y donneraient de grands produits, pourvu toutefois qu'on choisit bien les espèces qui conviennent le mieux aux climats froids.

L'influence des vents, surtout des vents froids, est l'ennemi le plus cruel de la végétation. Dans la plaine de Bièvre et celles analogues, les vents du nord régnent presque toujours; rien ne pourrait y défendre les arbres à haute tige de leur funeste influence; le sol peu substantiel ne pourrait pas leur rendre la perte incessante qu'ils y feraient par la transpiration, et la fraîcheur du vent ne permettant pas aux pores absorbans de rester ouverts pour s'emparer des substances aériennes et surtout du carbone, indispensables à la végétation, l'agitation presque continuelle de la tige et des branches interceptant l'ascension du fluide séveux, il est tout naturel d'en conclure que les mûriers de première et deuxième classe n'y feraient aucun progrès, ceux de troisième et quatrième classe au contraire, abrités par un entassement de pierres ou une ligne serrée d'arbres plus élevés qu'eux, jouissant, par rapport à leur peu d'élévation, du calme et de la chaleur pourraient y donner d'heureux résultats. La méthode que j'indique pour la plaine de Bièvre peut s'étendre à toutes les plaines analogues du département de l'Isère et du reste de la France.

J'indiquerai ultérieurement le genre de culture qui convient à chaque classe, et, en même temps, les espèces qui conviennent à chaque sol et à chaque climat; il faudra que le planteur apporte à ce choix la plus grande attention; c'est une condition de réussite.

§ III.

Du choix du sujet.

C'est du choix du sujet que dépend en grande partie sa prospérité. Vainement posséderait-on le sol le plus riche et le mieux exposé, si les sujets qu'on lui confie ne sont pas pourvus d'une parfaite organisation, s'ils appartiennent à des variétés provenant de climats trop chauds, ou s'ils ont éprouvé dans l'arrachis ou dans le transport des mutilations trop fortes, s'ils sont issus de pépinières gorgées d'engrais et trop abritées ; en un mot, si, en les déplaçant, ils passent d'un grand bien-être à un état comparativement malheureux, on ne pourra jamais prétendre à un résultat satisfaisant.

Ce serait ici le moment de signaler une faute grave que commettent les planteurs de nos contrées. Notre département de l'Isère, surtout, se constitue tributaire des pépinières du midi pour l'achat des pourrettes et des jeunes mûriers prêts à placer à demeure. Leur apparence est plus flatteuse que celle des nôtres. Leur grosseur, leur écorce polie semblent annoncer une supériorité de vigueur. C'est bien à cette trompeuse apparence que les pépiniéristes du midi doivent leur vogue. Mais combien cher ne payons-nous pas cette beauté, soit en argent, soit en temps perdu pour les acclimater. Ce n'est qu'après de longues années que ces plants du midi finissent par nous donner quelque chose, encore faut-il que la chute d'un climat trop chaud à un autre trop froid ne soit pas bien sensible, que le sol où nous les plaçons soit riche et bien exposé. Cette apparence de vigueur qui nous séduit n'est qu'une trompeuse amorce à laquelle notre pays apprend souvent à ses dépends qu'il est dangereux de se laisser prendre. Comment pourrons-nous rendre à ces beaux plants l'état prospère dont ils jouissaient dans des pépinières dont le sol se compose presque uniquement d'un entassement d'engrais ? dont l'exposition, parfaitement abritée au nord, jouit à la fois d'un air calme, d'un soleil toujours vivifiant et d'un arrosage presque continuel ? Comment pourrons-nous rendre à ces malheureux africains que nous exilons en Sibérie, cette situation polaire, cette nourriture trop abondante, ce soleil, ces eaux pour les arroser, en un mot ce bien-être auquel quatre ou cinq années de pépinière les ont habitués ? Comment les guérirons-nous de ces affreuses mutilations que l'arrachis fait aux racines, et de ces meurtrissures et contusions que l'entassement et le transport font dans presque toutes les parties de la tige ? Combien de temps leur faudra-t-il pour remplacer ces belles racines qu'on leur enlève en totalité pour rendre leur transport plus facile ? Et quand bien même on prendrait pour l'arrachis toutes les précautions convenables, qu'on leur laisserait la plus grande quantité de racines possible, qu'on les garantirait par l'emballage de toutes meurtrissures, est-il rationnel de penser qu'un arbre supporte sans avaries, la transition subite d'un climat chaud à un climat froid, d'un sol riche à un sol pauvre, d'un état prospère à un état malheureux ? Non sans doute, et l'expérience nous apprend qu'il faut à ces plants au moins huit à dix ans avant qu'ils soient remis de cette affreuse secousse ; la majeure partie

ne le sont jamais ; beaucoup périssent des maladies occa-
sionnées par la mutilation des racines ou par des ulcères qui
se forment à la tige aux lieux ou l'écorce a été meurtrie.
Ceux qui résistent pendant plusieurs années, perdent leurs
premiers bourgeons par nos gelées tardives, et ne s'habi-
tuent qu'à la longue à pousser comme les naturels du
pays.

Je conseille donc aux planteurs de mûriers de prendre
leurs plants dans leur pays, ou dans un sol et un climat à
peu près analogues au leur, et s'ils le peuvent dans un
sol et un climat plus pauvres que le leur ; de fuir, comme
des ennemis dangereux, les pépiniéristes qui ne doivent la
beauté de leurs plants qu'à la quantité d'engrais dont ils les
gorgent ; de ne pas rechercher les plus gros plants, mais
de s'attacher à ceux qui paraissent bien faits, bien portants
et bien proportionnés ; l'âge des plants est ce qu'il importe le plus de savoir. Depuis trois jusqu'à cinq ans,
tout mûrier bien constitué, quelque soit sa grosseur,
pourvu que la tige soit assez élevée pour le lieu où il doit
être planté, est celui que le planteur doit choisir ; arraché
avec soin, planté de même, sa réussite est assurée. Il
serait même à désirer que pour toute espèce de muriers,
soit à haute, moyenne ou basse tige, on plantât les sujets
les plus jeunes possible ; ils seraient plutôt en produit que
ceux plantés vieux.

Il serait à souhaiter que chaque pépiniériste élevât lui-
même ses pourettes, et dans nos pays surtout où nous
sommes obligés de les tirer du midi. Outre l'avantage de
laisser dans notre département l'argent que nous livrons
aux départements voisins, nous aurions celui d'avoir des

plants acclimatés dès leur bas âge. La reproduction du mûrier par sa graine est connue de tout le monde, et chaque commune de notre département contient des terrains infiniment plus propres à cette culture que ceux qu'on y consacre dans le midi, des terrains légers et humides où nous serions presque dispensés de l'arrosage continuel, auquel sont obligés les habitants du midi. Pour la culture des pourettes, comme pour celle des mûriers en pépinière, je conseillerai toujours d'avoir recours à la qualité du sol plutôt qu'à l'engrais, de fuir les pépinières où l'amoncellement des matières fécales fait rencontrer des *plants monstres* et de la *feuille monstre*, le trop grand bien-être du premier âge peut être pour l'avenir un mal irréparable.

Pour quelques pépiniéristes avides, ce précepte est déplacé; ils argumenteront contre ma méthode, et soutiendront même que plus un arbre croit en peu de temps, mieux il vaut. Gardez-vous de prêter l'oreille à ce paradoxe; la nature, plus savante et plus habile que tous les pépiniéristes, a adopté, pour l'accroissement des végétaux, une marche lente, progressive et sûre. Rien ne doit les obliger à s'écarter de cet accroissement lent et régulièrement progressif qui leur est tracé par leur organisation. Tout ce qui concourt à leur formation doit avoir le temps de se perfectionner, de se mûrir. Les fibres, les filaments, les tubes capilaires, le tissu, en un mot, qui compose chaque plante, et dont la forme et la composition varient à chaque espèce, ne peut acquérir cette perfection nécessaire à sa durée qu'autant que sa végétation première ne sera pas trop hâtée par une surabondance de fluide séveux.

Gardons nos engrais pour les végétaux dont la courte durée, dont l'accroissement rapide fait tout le prix, ou tout au moins pour nos mûriers une fois placés à demeure; et sachons bien qu'un arbre qui, dans le sol le plus riche, peut à peine, après plus d'un siècle, donner à sa tige 80 centimètres de diamètre, ne doit pas dans ses quatre ou cinq premières années acquérir un diamètre de plus de 4 à 5 centimètres. Si, à force d'engrais, nous l'obligeons à dépasser cette limite, nous lui donnons une organisation qui s'oppose à sa prospérité future. Ses pores, ses fibres, ses tubes se développent sur une trop grande échelle, et lorsque nous le plaçons à demeure, la chute est terrible. Les moyens d'existence qu'il s'était créés lui deviennent à charge et nuisibles; il est obligé de refaire son organisation, et bien des années s'écoulent, s'il ne périt pas, avant qu'il se soit refait une organisation en rapport avec le sol et le climat où il est obligé de terminer ses jours.

Ainsi, lorsqu'on veut faire une plantation de mûriers, il faut s'assurer par soi-même de la qualité du sol de la pépinière et de son climat; si les sujets y sont de belle venue par le fait du sol plutôt que par l'engrais; s'ils appartiennent à des variétés dont la culture convienne aux lieux où on veut les placer; si leur embranchement est bien fait et à la hauteur convenable; enfin s'ils sont jeunes et bien portants. Les pépinières préférables sont celles établies en rase campagne, soumises à l'influence de tous les vents, dont le sol contient, en majeure partie, une combinaison siliceuse et calcaire. Il convient de veiller à l'arrachis, qui doit être fait de manière à protéger la plus grande quantité de racines que faire se pourra; de les emballer de manière à préserver la tige de meurtrissures et les racines du gel, qui est pour elles d'un très-fâcheux effet. Beaucoup de plantations ne réussissent pas, et ne doivent leur non réussite qu'au manque de précautions pour le transport des plants par un temps trop rigoureux. Les plants ne doivent pas rester arrachés sans être placés dans leurs trous, qui doivent être prêts quand on procède à l'arrachis. Toutes ces précautions, tous ces soins paraissent minutieux ; ils sont indispensables. C'est à les avoir négligés que la plupart de nos planteurs doivent l'aspect languissant de leurs plantations.

Il existe encore un soin très-important et qu'il ne faut jamais négliger : il consiste à marquer, lors de l'arrachis, chaque plant, de manière à lui conserver en le plaçant à demeure sa situation polaire. Les expériences que j'ai faites sur la différence d'accroissement entre ceux bien replacés et ceux qui ne le sont pas, m'a convaincu que ce soin est très-important.

Le sujet m'a conduit, malgré moi, à placer, dans cet avant-propos, quelques préceptes auxquels je reviendrai plus tard. Il vaut mieux donner un bon conseil deux fois que de ne pas le donner du tout. Je tâcherai, néanmoins, pour être bien compris, de procéder avec ordre. Je suivrai l'éducation du mûrier dans toutes les phases de son existence, depuis sa naissance jusqu'à sa virilité et jusqu'à sa vieillesse pour laquelle j'indiquerai quelques moyens de la raviver.

CHAPITRE II.

DE LA REPRODUCTION DU MURIER PAR GRAINE ; DU SEMIS ,.
DE LA MARCOTTE ET DE LA BOUTURE.

§ Ier

Reproduction du mûrier par la graine.

Le choix de l'arbre dont on doit cueillir la graine est
très-important. Il faut un arbre de moyen âge , vigoureux,
sans être placé dans un sol trop gras , et l'on devrait donner
la préférence à celui dont la feuille n'aurait pas été cueillie
depuis deux ans. Le fruit doit être parfaitement mûr. Pour
en extraire la graine , on met le fruit dans un vase , ou on
l'écrase parfaitement avec la main ; on remplit le vase d'eau
afin de débarrasser la graine des parties glutineuses qui
l'enveloppent, et pour faire surnager les mauvaises il faut
renouveller l'eau plusieurs fois, jusqu'à ce qu'il ne reste
au fond du vase que les graines que leur poids spécifique
a entraînées au fond de l'eau ; celles-ci seules sont bonnes.

Si l'on ne veut semer la graine qu'au printemps , il faut
lui procurer une parfaite dissécation à l'ombre , l'enfermer
dans des vases hermétiquement bouchés , la mêler avec
une quantité égale de sable parfaitement sec , et la placer

dans un lieu où il ne gèle pas trop fort. Le gel en lui procurant une trop forte dissécation, pourrait endommager le germe.

Si, au contraire, on veut semer la graine de suite (et alors il faudrait se la procurer des fruits les premiers mûrs), il ne faut lui procurer qu'une dissécation suffisante pour détacher les graines les unes des autres. Cette dernière époque pour semer peut être avantageuse si le semis réussit ; on peut gagner du temps et de la vigueur, mais elle oblige à quelques précautions pour la conservation des jeunes plants pendant l'hiver.

Le choix de l'espèce du mûrier dont on sème la graine est important. Elle doit varier suivant les lieux où l'on sème. La nature s'est chargé de nous l'apprendre : dans les pays chauds la graine de mûre blanche réussit parfaitement ; dans ceux tempérés celle de mûre grise convient, et dans les pays froids celle de la mûre noire a plus de chances de succès. En règle générale, quelque soit le lieu qu'on habite, la graine et les plants de tous genres réussissent mieux s'ils sont originaires d'un climat comparativement plus pauvre. Ainsi je recommande pour le nord la graine du mûrier noir.

§ II.

Du semis.

La graine de mûrier se sème au commencement du printemps, et l'époque du semis doit nécessairement varier suivant le lieu qu'on habite ; toujours est-il qu'il ne faut

pas trop se hâter, attendre que la terre soit réchauffée par
les rayons du soleil; dans le nord surtout où la température éprouve souvent des variations désastreuses, on
s'exposerait à perdre tout le semis par l'effet d'une seule
gelée blanche. Il est donc impossible de préciser parfaitement l'époque du semis qui peut avoir lieu depuis le
commencement d'avril, pour les pays chauds, jusqu'à la
fin de mai pour les localités froides. Les semis d'été étant
interdits aux pays où on ne peut pas cueillir la mûre avant
le commencement de juin, les jeunes plants n'auraient pas
le temps d'acquérir assez de force pour résister à l'hiver.
Je conseille donc aux habitants du nord de semer au
printemps.

Le terrain que l'on destine au semis, pour que l'on
puisse compter sur la réussite, doit être en majeure partie
composé de silex, combiné avec quelque peu de matières
calcaires ou tourbeuses, le moins de gipse ou d'argile que
faire se pourra ; en un mot léger et friable, pourvu
d'humidité, préparé et défoncé d'avance, légèrement
amendé.

La forme des planches est absolument indifférente. Je
conseille pourtant de semer en ligne plutôt qu'en garenne.
Le semis en ligne facilite le binage et permet de sarcler
sans endommager les jeunes plants. La précaution la plus
essentielle est de semer clair. Les raies dans lesquelles on
répand la graine ne doivent pas avoir plus de 3 ou 4 centimètres de profondeur. Il ne faut pas laisser dessécher le
terrain où la graine a été répandue; il faut, au contraire,
l'arroser souvent, soit à la rigueur du soleil, avant que la
graine ait levé, soit avant le lever ou après le coucher

28

lorsqu'elle a levé. L'arrosage au soleil hâte et facilite la germination, mais aussitôt que la plante paraît cette époque d'arrosage serait contraire. Il convient également de biner souvent, soit pour émietter le terrain que les fréquents arrosages serreraient trop, soit pour détruire les plantes parasites. Les raies doivent avoir entre elles une distance de 8 à 10 centimètres, afin que l'air circule librement entre les jeunes plants et leur donne une organisation vigoureuse. Le binage doit se faire avec précaution; l'instrument doit être un petit piochon à bigot, afin de ne pas endommager les racines des jeunes plants.

Les semis de mûriers ont un terrible ennemi à craindre dans nos contrées : c'est le *limaçon*. Si le terrain dans lequel on semera en est peuplé, la perte du semis est presque assurée. Toutes les précautions que l'on peut prendre pour détruire cet insecte vorace sont de peu d'efficacité. La poussière de chaux vive, répandue dans la nuit sur les planches du semis, a bien l'avantage de brûler les limaçons, mais ce procédé endommage les jeunes plants. Quelques personnes conseillent de les arroser avec de l'eau dans laquelle on aura infusé de la suie; j'ignore quelle peut être l'efficacité de ce remède; s'il ne produit aucun bien pour la destruction de l'insecte il ne peut nuire, la suie contenant de grands principes stimulants de végétation. Voici le moyen auquel j'ai recours pour la destruction de ces maraudeurs : quinze ou vingt jours avant l'époque où je veux semer ma graine de mûrier, je sème à la place de la graine de trèfle; les limaçons sont très-friands de cette plante, surtout lorsqu'elle est jeune (toute autre plante dont ils seraient avides, et qui lèverait promptement, remplirait le même but). Lorsque ces insectes sont répandus sur la superficie du sol, ce qui a lieu du coucher au lever du soleil, je répands de la poussière de chaux abondamment sur les jeunes trèfles ; cette opération, répétée deux ou trois fois à deux jours d'intervalle, suffit pour détruire tous ceux qui s'y trouvent. Après cette opération on renverse le terrain à la bêche pour détruire le trèfle et on sème le mûrier.

J'ai trouvé dans *la Revue industrielle* un nouveau procédé pour la destruction des limaçons ; il consiste à saupoudrer le sol où ils font des ravages, de sel commun. Je n'ai pas obtenu de ce procédé une bien grande réussite. Je conseille donc aux semeurs de mûriers d'en faire l'essai et de lui donner le crédit que l'expérience lui acquerra.

Pour garantir les semis tardifs de l'effet des trop fortes gelées, il convient de les couvrir, en hiver, de feuilles sèches ou de poussière de blé. Ce procédé les expose à la dent des rats ; pour y obvier, ceux qui pourront se procurer des hérissons de châtaigner, feront bien de les mélanger avec la poussière de blé dans une grande proportion.

La pourette d'un an peut acquérir dans un bon sol la hauteur de 20 à 30 centimètres ; elle est, dans ce cas, préférable à celle de deux ans, bien que la dernière eut de 1 mètre à 2 mètres de hauteur. Quelle que soit la hauteur que la pourette atteint de son premier jet, si elle reste en place, il convient de la couper rez-terre au printemps suivant, et de veiller à ce que chaque plante ne fournisse qu'une tige, en supprimant celles de moindre apparence. Cette double opération bien faite peut mettre la pourette à même d'être greffée l'année suivante.

La greffe en pourette (pour les pays chauds , et en général pour le localités abritées des vents du nord , pouvant cultiver la première classe de mûriers) , outre l'avantage de faire gagner du temps , a celui de fournir des sujets munis d'une tige et de branches d'une contexture identique ; avantage très-grand auquel nos planteurs ne font pas assez attention. Cette méthode n'est cependant pas exempte d'inconvénients. D'abord elle nous fait perdre une infinité de variétés supérieures à celles que nous obtenons par la greffe , et , de plus , elle nous expose à marier des variétés antipathiques , c'est-à-dire à placer sur une espèce une greffe appartenant à une variété dont la contexture différente ne donne pas au sujet cette harmonie d'organisation nécessaire à sa durée et à son accroissement. De là tant de sujets chétifs , tant de mûriers malades. Je traiterai amplement cette question et la développerai au chapitre *de la greffe.*

§ III.

De la marcotte.

La reproduction du mûrier par le procédé de la marcotte est généralement usitée en Italie , aux environs de Véronne surtout. Il est étonnant que , dans nos contrées, un moyen aussi facile et aussi sûr n'ait pas encore été mis en usage. Les immenses avantages qui résultent de ce mode devraient cependant engager nos planteurs à y recourir.

Au nombre de ces avantages , on peut indiquer d'abord celui de perpétuer les bonnes variétés , d'avoir des mûriers dont toute l'organisation identique assure la vigueur et la santé , le rapide accroissement. J'engage fortement les amis des progrès de l'agriculture à y avoir recours , à introduire , par l'exemple , ce mode de culture dans nos pays.

Pour obtenir des mûriers par marcotte , il faut couper près de terre le mûrier qui doit les fournir , le tailler en têtard , et lorsqu'il est assez vigoureux pour nourrir une dizaine de belles pousses , on coupe , en automne , après la la chute des feuilles , toutes ces pousses , de manière à leur laisser , à chacune , quatre ou cinq bourgeons. On amoncelle ensuite sur sa tête assez de terre pour la recouvrir entièrement , d'un pied au moins. La terre amoncellée doit être friable et ne doit jamais se dessécher entièrement. Au printemps suivant , vous verrez sortir de ce monceau de terre tous les bourgeons que vous aurez laissés aux branches coupées , et chacun de ces bourgeons formera un mûrier prêt à placer en pépinière l'année suivante , parfaitement muni de racine , et pouvant , en le séparant du sujet qui l'a produit , vivre de sa propre vie.

Pour procéder à la séparation des marcottes de la souche , il faut démolir le tertre avec beaucoup de précaution , afin de conserver le plus de racines que faire se pourra , les séparer de la mère branche en coupant celle-ci entre deux jets. Quand on place ces jeunes plants en pépinière , il ne faut laisser de la mère branche que ce qui adhère immédiatement au jeune plant.

Il existe divers moyens de se procurer des marcottes de

mûriers ; ils diffèrent peu du précédent. En voici un qui peut en fournir une plus grande quantité, mais moins vigoureuses que celles qu'on obtient par le procédé que je viens d'indiquer.

Au lieu de couper les jets du têtard destiné à fournir les marcottes, on les couche horisontalement, on les fixe en terre avec des crochets en bois, et on recouvre la branche couchée d'une légère couche de terre, dont on augmentera la hauteur au fur et à mesure que les poussées issues de la branche couchée s'élèveront. Il ne faut pas néanmoins dépasser la hauteur de 10 à 12 centimètres de terre. Cette méthode donnera beaucoup de plants, mais infiniment moins vigoureux que lorsque les mères branches ont une direction verticale.

Quelques auteurs conseillent de marcotter les pousses d'un an, et de ne les séparer de la mère que lorsqu'elles sont prêtes à placer à demeure. Si les sujets provenus de marcottes pouvaient acquérir assez de vigueur en un an, ce conseil serait très-bon; mais je ne conseille pas de s'y arrêter, à moins qu'on ne veuille perdre le sujet qui a fourni les marcottes. L'enlèvement annuel des plants joint l'avantage d'en fournir une plus grande quantité à celui de laisser vivre longtemps le sujet qui les a fournis.

Quand un mûrier a fourni des marcottes, on laisse la tête découverte, afin qu'il puisse donner de nouvelles pousses, qui, l'année suivante, peuvent subir l'opération de la marcotte.

§ IV.

De la bouture.

La reproduction du mûrier par bouture serait d'un avantage immense et la seule que je conseillerais, si elle était aussi sûre et aussi facile que celle par graines ; mais elle entraîne après elle une si grande quantité de soins minutieux, elle est si rarement couronnée de succès, que je ne m'étonne pas que la plupart de nos pépiniéristes y aient renoncé.

Presque tous les auteurs qui ont écrit sur la culture du mûrier ont recommandé ce mode de reproduction, et pas un n'a indiqué le moyen d'une parfaite réussite. J'indiquerai ici une méthode qui m'a donné quelques succès. J'engage fortement les cultivateurs qui veulent planter des mûriers dans leurs propriétés à y avoir recours ; ils ne réussiront pas toutes les années, mais s'ils persistent, ils réussiront une fois. Quel immense avantage n'auront-ils pas de posséder des mûriers élevés chez eux, et par conséquent acclimatés ; des plants dont les racines, la tige et les branches d'une même contexture, douées d'une même organisation, seront d'une réussite assurée ; des plants dispensés de la greffe et d'espèces choisies ! Tous ces avantages devraient être plus que suffisants pour les engager à y avoir recours.

Si la reproduction par marcottes pouvait se faire en grand, je conseillerais d'y recourir de préférence, elle est plus sûre. Mais pour obtenir cinq ou six cents plants par marcotte, il faut avoir au moins un cent de mûriers greffés près de terre, que l'on est obligé de soigner pendant plusieurs années, avant de les soumettre à l'opération de la marcotte. Les soins qu'ils exigent ont dégoûté les pépiniéristes dont l'avidité est plutôt satisfaite par la reproduction du mûrier par sa graine.

Pour obtenir des plants de mûrier par bouture, il faut cueillir sur un mûrier, dont l'espèce est bonne, des pousses d'un an, avant que la végétation ait commencé. On les plante ensuite dans un terrain léger et humide; si l'exposition est chaude, il convient de les abriter des rayons du soleil.

La profondeur à laquelle il faut les planter varie selon le sol et le climat, de 20 à 40 centimètres. Plus le terrain est humide et le climat frais, moins on doit planter bas, parceque les tiges que l'on plante formant leurs premières racines à l'extrêmité, cette formation de racines n'aura pas lieu dans un terrain humide, si l'on dépasse la profondeur où cette extrêmité doit recevoir les bienfaits de l'influence atmosphérique. Dans les climats chauds, au contraire, si le terrain surtout est pourvu de peu d'humidité, il convient de les enfouir profond pour empêcher le desséchement des tiges. La nature agira dans les climats chauds à 40 centimètres de profondeur, comme elle agit, dans les climats frais et les sols humides, à une profondeur de 20 centimètres. La sagacité du planteur sera là-dessus le meilleur guide.

Les branches que l'on destine à faire racines devant être des pousses d'un an, leur longueur doit être réglée par la profondeur à laquelle on doit planter ; quelque soit cette profondeur il doit en rester au moins 8 à 10 centimètres hors de terre, soit quatre à cinq bourgeons. Les petites pousses, pourvu qu'elles soient parfaitement mûres, sont préférables ; la probabilité de réussite est en raison inverse de la grosseur de la bouture. Il ne convient pas de couper le bout extérieur, sa coupure donne lieu à une trop grande déperdition de fluide séveux et peut faire périr la bouture. Pour obvier à cet inconvénient, on brûle avec un fer chaud le bout que l'on a coupé. Cette précaution, qui paraît minutieuse, est une condition de réussite. Pour être dispensé de ce soin impraticable en grand, il vaut mieux ne pas couper le bout.

Si les boutures n'étaient pas sèches lorsqu'on les a plantées, elles donneront toutes signe de vie ; les bourgeons enfleront et s'épanouiront ; mais jusqu'à ce que la tige soit munie de quelques racines, les feuilles auront un vert jaunâtre, et leur accroissement sera peu de chose ; les bourgeons seuls de celles qui se racineront prendront la couleur naturelle de la feuille et formeront un jet dont l'accroissement sera sensible ; alors le planteur doit donner tous ses soins à supprimer les bourgeons supérieurs de la tige jusqu'à ce qu'il n'en reste plus qu'un ; cette suppression doit se faire en deux ou trois fois, à dix ou douze jours d'intervalle, en commençant par ceux d'en haut ; il faut conserver néanmoins celui dont la plus belle apparence annonce qu'il est préféré par la nature. Lorsque la végétation des boutures ne laissera plus de doute sur la formation des racines, il faut souvent biner le terrain pour faciliter le développement et l'accroissement des racines.

Le terrain ne doit jamais être trop sec ; l'arrosage pendant les grandes chaleurs est indispensable, surtout au printemps, avant la formation des racines. Il ne faut cependant pas une trop grande quantité d'humidité dans les terrains naturellement frais ; l'arrosage trop fréquent pourrirait l'écorce de la bouture et empêcherait sa réussite.

Il faut très-peu de terrain pour planter une grande quantité de boutures. Dans l'espace de 10 à 12 mètres carrés on peut planter cinq ou six cents boutures, en les plaçant à 7 ou 8 centimètres les unes des autres. Cet espace leur suffit pendant la première année. L'année suivante, on les arrache avec soin pour leur conserver, s'il est possible, toutes leurs racines, et on les place en pépinière ainsi qu'il sera dit au chapitre suivant. Trois années leur suffisent pour acquérir la grosseur que les mûriers provenus de semis ne peuvent atteindre qu'après quatre ou cinq années.

Un mûrier provenu de bouture peut, ainsi que celui obtenu par marcotte, servir à la reproduction de la même espèce par le dernier procédé ; il est préférable à celui provenant d'une pourette greffée, en ce que toutes ses pousses sont bonnes et n'obligent pas à supprimer, comme à la pourette, celles qui se développent au-dessous de la greffe.

CHAPITRE III.

TRAITÉ DES PÉPINIÈRES.

§ 1er

Observations générales.

L'art du pépiniériste qui, dans le midi de la France, a fait de grands progrès, est encore chez nous dans son enfance. Les sujets issus des pépinières de notre département n'ont pas cette apparence de vigueur, cette rectitude de ceux issus des pépinières du midi. Notre sol, à tous égards, est cependant supérieur; notre climat, il est vrai, ne l'est pas; mais ne pouvions nous pas, sinon avoir des plants aussi gros, au moins les avoir aussi droits, doués d'une organisation préférable. Les pépiniéristes du midi doivent l'apparence vigoureuse et la grosseur de leurs plants à la grande quantité d'engrais dont ils les gorgent, à l'arrosage et à la chaleur du climat; ils n'élèvent que des variétés auxquelles la chaleur est indispensable; aussi encombrent-ils nos marchés de leurs produits, et nos planteurs, séduits par l'apparence, préfèrent ces mûriers à ceux issus de nos pépinières. Cette préférence est un malheur pour nos contrées; non seulement notre argent s'en va, mais encore

4

nos champs se peuplent de variétés dont la réussite est moins sûre pour le climat que celles qui lui sont propres , et qui feront ainsi éprouver de grandes pertes au pays par la différence du produit que l'on obtiendrait des variétés acclimatées.

Il sera bien long et bien difficile de faire comprendre aux planteurs que la grosseur d'un mûrier , lorsqu'on le place à demeure , n'est pour rien dans sa prospérité future ; que les conditions de réussite gissent dans son organisation et dans son espèce , qui doivent être en rapport avec le sol et le climat où on le place ; dans la hauteur de sa tige , qui doit varier suivant ce sol et ce climat , afin que ses branches se développent et puissent profiter des bienfaits atmosphériques , des substances aériennes qui , dans tous les pays , ne distribuent pas leur influence bienfaisante au même niveau. Il faudra encore plus de temps pour persuader aux pépiniéristes qu'ils doivent donner à leurs jeunes plants une éducation différente , suivant les lieux où ils doivent être plantés ; que le choix des espèces , surtout , est la chose la plus importante. Ils feront long-temps encore comme ils ont fait , formeront des tiges de même hauteur pour tous les sols et tous les climats , grefferont indifféremment des espèces dont la reprise et la vente sont les plus sûres , et ne s'inquiéteront pas de la réussite des plantations à demeure. Cette avidité sera long-temps un grand obstacle aux progrès de l'art des pépinières. Ce n'est donc pas pour les pépiniéristes marchands que ma méthode sera bonne , mais pour les planteurs qui voudront eux-mêmes élever leurs plants.

Comme il est dit dans le premier chapitre , je formerai quatre classes de pépinières , devant fournir chacune des sujets propres aux plantations à demeure de chaque classe. Il serait à désirer que chaque mûrier fût élevé sur les lieux même où il doit être planté ; mais comme cette chose est presque impossible, il faudra que la sagacité du pépiniériste y supplée par le choix des sujets propres à chaque classe.

La qualité du sol où l'on veut établir une pépinière est une chose importante. En régle générale, il doit être à peu près semblable à celui où le mûrier doit être planté. Les terrains légers, composés de silex, de granit, de matières calcaires, de tourbe, et peu pourvus de gypse ou d'argile sont préférables. L'emplacement de la pépinière n'est pas moins important ; elle doit être située de manière à jouir, du matin au soir, des bienfaits du soleil, nullement abritée des vents auxquels il est important d'habituer les jeunes plants dès leur bas âge. En un mot, les meilleures pépinières sont celles situées en rase campagne ; les sujets en provenant y acquerront une organisation propre à tous les climats.

Le sol doit être défoncé à une profondeur de deux pieds au moins. Cette opération, qui consiste à bouleverser la superficie du sol à cette profondeur, doit être faite avant l'hiver, afin que le sol ainsi renversé ait le temps d'acquérir, par l'effet des intempéries, les qualités nécessaires à la végétation.

Si le sol est riche et suffisamment humide, il est propre à la culture du mûrier de première classe, et l'on doit bien se garder d'augmenter sa richesse par l'engrais. Si le sol est médiocre, on ne peut y élever des mûriers de première classe qu'en les gorgeant d'engrais, alors il arrive ce qui se passe dans les pépinières du midi , que nos pépinières fournissent des sujets doués d'une organisation factice, qui plus tard est plutôt nuisible qu'avantageuse. En règle générale , chaque qualité de sol et de climat doit fournir des mûriers semblables à ceux dont la culture à demeure est permise dans des sols ou des climats identiques , sans engrais pour leurs premières années. Et celui qui veut planter doit plutôt prendre garde à l'élévation des tiges et aux espèces qui lui conviennent qu'à la grosseur du plant ; chaque mûrier étant obligé , après sa transplantation à de—meure , de refaire son organisation sur une échelle conforme au sol et au climat où il se trouve , ne gagne rien par sa grosseur , surtout si cette grosseur est le fait d'un trop grand bien-être , et si la variété à laquelle il appartient n'est pas en harmonie avec le climat où il se trouve , sa végétation sera chétive et ne donnera jamais un résultat satisfaisant.

§ II.

Pépinières de première classe.

Pour former une pépinière de première classe , plusieurs conditions sont indispensables : la richesse du sol, le choix des espèces et l'élévation des tiges.

Je crois avoir suffisamment expliqué ce que j'entends par un sol riche. Je ne m'occuperai donc que du choix des espèces et de l'élévation des tiges.

Il serait à souhaiter , pour obtenir des mûriers de pre—mière classe , que l'usage des plantations en bouture ou celui de la marcotte fut répandu dans nos contrées. Les plants provenants de ces deux méthodes seraient, mieux que tous autres, propres à la formation des pépinières de première classe, surtout si les boutures et les marcottes provenaient des variétés qui nous conviennent. En attendant que cette heureuse innovation s'introduise, je traiterai des formations des pépinières en pourettes, les procédés pour la plantation et pour l'éducation devant, d'ailleurs, être les mêmes, et ne différant que par rapport à la différence de conformation des racines, pour l'arrangement desquelles le gros bon sens doit servir de guide.

Le choix des pourettes est important; celles d'un an, provenant de graine de mûres blanches, conviennent aux climats chauds, dont elles sont issues. La préférence que je donne à la pourette d'un an s'explique par la facilité de l'arracher sans endommager les racines; à cet âge, les racines horizontales ne sont rien; leur perte, s'il en existe, est peu de chose, tandis qu'à deux ans elles ont déjà joué un grand rôle dans le développement et l'accroissement de la pourette; leur suppression serait une perte trop considérable, et l'on est obligé, pour les conserver, de les planter avec soin, de perdre beaucoup de temps pour les arranger convenablement, de supprimer la majeure partie de la racine pivotante ou de la coucher au fond d'un trou fait exprès pour chaque pourette, ce qui nécessite de grands frais sans donner un résultat meilleur. La pourette d'un an, lorsque d'ailleurs elle est belle, peut se planter à la cheville, en ne lui supprimant que l'extrémité de sa racine pivotante, et sa végétation est aussi belle, et même plus belle que de celle de deux ans.

La distance à laquelle il convient de planter la pourette en pépinière doit nécessairement varier selon la classe de mûriers que l'on veut élever. Cette variation, néanmoins, n'est pas bien considérable.

Pour les mûriers de première classe, la distance des lignes devrait être au moins d'un mètre en tous sens, ou bien, ce qui serait plus avantageux, de 5 pieds d'une ligne à l'autre sur 2 pieds d'une pourette à l'autre ; cette dernière méthode faciliterait l'arrachis. La direction des lignes, autant que possible, doit être nord et sud afin qu'elles puissent profiter du soleil et ne pas se nuire par leur ombre réciproque.

La première opération qui doit suivre la plantation des pourettes est le *recepage*. Cette opération consiste à recouper près de terre, et, pour marquer l'endroit où est le trou de la pourette, on repique le bout coupé à côté ; ce bout repiqué s'appelle *guide*. Dans le midi on est en usage de faire cette opération au printemps, lorsque la pourette commence à végéter. Cet exemple n'est pas à suivre ; elle doit nécessairement nuire au jeune plant. Le fluide séveux circule déjà dans sa petite tige long-temps avant que l'accroissement des bourgeons annonce sa présence, et tout ce qui s'est répandu dans la partie que l'on supprime est une perte pour la partie qui reste. Ainsi cette opération, selon moi, doit être immédiate, ou, tout au moins, précéder la végétation assez pour que la coupure soit cicatrisée. Un soin ne serait pas à dédaigner : il consisterait à enduire le bout de la pourette de goudron, d'onguent de St-Fiacre, ou de toute autre substance pouvant boucher l'extrémité des tubes capilaires et faciliter la circulation.

La seconde opération , et qui est , ainsi que la précédente, commune à toutes les classes de pépinières , est
l'ébourgeonnement ou *émondage*. Cette opération se fait à la
main , ou avec un instrument bien tranchant. Elle consiste
à suivre toutes les pourettes une à une , à supprimer tous
les bourgeons , excepté un ; et avant de le faire , il
convient d'attendre que la nature ait désigné son enfant
gâté, ce qui se reconnaît facilement lorsque les jets ont
atteint 8 à 10 centimètres de hauteur. De deux jets d'égale
apparence , le plus près de terre doit être préféré. Ce
choix une fois fait , il faut visiter la pépinière plusieurs fois
et veiller à ce que de nouveaux parasites ne viennent pas
nuire à la végétation de celui que l'on a choisi.

Lorsque le bourgeon ou jet aura acquis 1 ou 2 pieds
d'élévation , il surgira le long de sa tige de petites brindilles latérales ; il faut bien se garder d'y toucher. Ces jets
ou brindilles latérales sont nécessaires à son accroissement
et facilitent merveilleusement le développement de nouvelles racines ; pendant que le fluide séveux agit directement et détermine l'ascension du jet vertical , les jets
latéraux hument et prennent dans l'atmosphère les fluides
aériens propres à la végétation , les transmettent à la tige ,
qui se charge du soin de les distribuer aux racines. C'est là
que commence pour les végétaux cet échange merveilleux,
ce phénomène admirable d'ascension et de rétroaction de
sève , sans lequel nulle végétation n'est possible.

Quelque soit la bonne qualité du sol de la pépinière , il
est bien rare que la pourette atteigne du premier jet la
hauteur d'une tige de mûrier de première classe , qui
doit avoir au moins 6 pieds et au plus 8. Si la hauteur

qu'elle a atteint est de la moitié de celle que l'on désire, on peut, sans crainte, recommencer l'année suivante l'opération du *recepage*, et cette opération doit être suivie des mêmes soins d'*ébourgeonnement* que l'année précédente. Si l'accroissement des pourettes n'était pas assez considérable la première année, il conviendrait de les laisser végéter telles qu'elles seraient pendant la seconde année, et se contenter d'y faire de fréquents binages, afin de détruire les herbes parasites et fertiliser le sol. Le binage des pépinières doit avoir lieu au moins trois fois par année. Si au second *recepage* quelques pourettes n'atteignent pas la hauteur des mûriers de première classe, il faut bien se garder de les couper une troisième fois ; il vaut mieux se contenter de membrer à la hauteur qu'elles ont acquises, et en faire des mûriers de deuxième classe.

§ III.

Embranchement.

Lorsque les jets de la pourette ont acquis la hauteur de 6 à 8 pieds, ce qui a lieu dans l'année qui suit le second *recepage*, alors commence une série de soins de la plus grande importance. C'est à cette époque où le pépiniériste a besoin de leur donner toute son attention. C'est là où il est le plus important de connaître toutes les merveilles qui se rattachent à l'accroissement des grands végétaux. Il s'agit de former l'embranchement, d'aider la nature dans le développement des branches qui doivent à jamais servir à son existence, de les emplacer de manière à ce que les exigences de l'une ne nuisent pas à l'accroissement de l'autre ; en un mot, de veiller à ce que leur emplacement, leur direction, leur distance garantissent, pour l'avenir du sujet, cet équilibre, cette harmonie que réclame la perfection des ouvrages du Créateur.

L'embranchement ou la formation de la tête d'un mûrier est d'une trop grande importance, influe trop puissamment sur sa prospérité, pour que je glisse légèrement sur une opération d'où dépendent, lorsqu'elle est bien faite, l'accroissement rapide de l'arbre, et, lorsqu'elle est manquée, les causes de décadence ou de maladies qui tôt ou tard entraînent sa perte.

L'embranchement d'un arbre est le lieu où se rencontrent les sucs provenant du fluide séveux, avec ceux provenant de l'absorption aérienne, les uns partant des racines et dirigeant leur mouvement ascensionnel vers les extrémités supérieures, et les autres partant de ces extrémités pour rendre aux racines et à la tige les sucs nécessaires à l'accroissement des racines de la tige et des branches. Les uns développent sans cesse de nouveaux organes aspiratoires , et ces organes, au fur et à mesure de leur développement, aspirent, hument et envoient dans toutes les parties ligneuses qui composent l'arbre, des substances propres à la formation du *lignum*. L'élaboration de cet échange se fait dans les embranchements, lieu de rendez-vous forcé de toutes ces substances. Là leur contact, leur mélange, produit ces milliers de phénomènes, dont la raison de l'homme ne se rend compte que bien imparfaitement. Ces embranchements peuvent être considérés comme l'estomac, où la nature digère ses merveilles. Il est donc de la dernière importance de bien observer la manière dont la nature forme elle-même ces embranchements, afin de l'imiter, et de l'aider autant qu'il est en notre pouvoir ; vouloir faire autrement qu'elle, c'est agir contrairement à nos intérêts.

La formation de l'embranchement ou de la tête de l'arbre, n'est autre chose que la suppression de la branche verticale, ou *mère branche*, et l'obligation dans laquelle nous le mettons d'adopter à sa place plusieurs branches latérales ; l'emplacement des branches que nous l'obligeons à adopter est toute la science de ce procédé, et c'est du choix de cet emplacement que dépendent en grande partie l'agrément de sa forme d'abord, et ses éléments de prospérité ensuite.

Tout le monde a remarqué que le développement des brindilles horizontales ou latérales est gradué dans un mûrier ; ces jets ou brindilles poussent indifféremment sur tous les côtés de la tige, et à des distances à peu près régulières les unes des autres. Pour former un embranchement naturel il nous convient de choisir les trois ou quatre bourgeons supérieurs, dont le plus élevé se trouve à la hauteur convenue de la tige, d'arrêter la tige au-dessus de ce bourgeon, afin que la nature donne aux quatre bourgeons que nous adoptons, les soins qu'elle destinait à la mère branche.

Cette opération peut rarement se faire pendant la végétation de l'arbre, à moins qu'il n'ait atteint la hauteur voulue avant la sève d'août. Il en résulterait un grave inconvénient, celui de favoriser le développement des brindilles latérales trop tard, et de leur faire courir la chance de geler. Il vaut mieux renvoyer au printemps suivant ;

alors on arrête la branche verticale, on laisse exister les trois ou quatre bourgeons les plus élevés, on en supprime une quantité égale immédiatement au-dessous, au moment où ils se développent; on se garde bien de supprimer les autres jets latéraux inférieurs avant que la tige puisse se passer d'eux pour son accroissement. La suppression de la totalité des jets latéraux se fait dans le courant de l'année suivante; elle doit être progressive, et s'opérer en plusieurs fois depuis le commencement de juin jusqu'à la fin d'août, en procédant de bas en haut.

Si j'ai longuement insisté sur la formation de l'embranchement, c'est que l'expérience m'a convaincu que, de tous les mûriers que j'ai cultivés jusqu'à présent, les mieux portants, les plus vigoureux, sont ceux dont l'embranchement ainsi formé, n'a pas changé depuis leur plantation; et si j'en ai eu quelques-uns chétifs ou atteints de maladies, leur embranchement était plus ou moins vicieux, s'éloignait plus ou moins des règles que la nature indique. Je serai obligé de revenir sur cette matière, lorsqu'il s'agira des mûriers placés à demeure, de leur maintenir leur premier embranchement et leur en former un second, un troisième, etc.

La tête de l'arbre une fois faite, il reste peu de soins à lui donner; la suppression progressive des brindilles inférieures est tout ce qu'il reste à faire, si le sujet se trouve de bonne espèce; si, au contraire, ses feuilles se trouvaient d'espèce trop échancrée, il conviendrait de le greffer à la quatrième année. J'indiquerai au chap. 5 les espèces préférables pour chaque localité. L'opération de la greffe en pépinière doit être faite de manière à ce que le pépiniériste puisse garantir au planteur l'espèce demandée, ce qui doit se noter de manière à ce qu'en procédant à l'arrachis on ne fournisse pas une variété pour une autre. Malheureusement pour nos pays, cette sage précaution est absolument ignorée ; les pépiniéristes du midi inondent nos plaines de leur énorme feuille de Provence, dont la qualité ne convient nullement à nos climats, et nous proscrivons les variétés dont les qualités préférables, sous tous les rapports, nous donneraient plus de produit. Si l'opération de la greffe ne se fait pas en pépinière, elle peut se faire lorsque l'arbre est placé à demeure, et cette dernière époque doit être préférée par les planteurs auxquels les pépiniéristes ne peuvent pas garantir la fourniture d'espèces convenables ; quoiqu'elle ait l'inconvénient de retarder un peu l'accroissement de l'arbre, il vaut bien mieux perdre un peu de temps, que d'avoir des variétés qui ne conviennent pas au sol et au climat des plantations. Je traiterai amplement cette question aux chap. 6 et 7.

§ IV.

Pépinières de deuxième classe.

Les soins à donner aux pépinières de deuxième classe diffèrent peu de ceux que l'on doit aux pépinières de première. La préparation du sol, les binages, l'ébourgeonnement, le recepage, la formation des têtes ou embranchement, la suppression des brindilles latérales s'opèrent aux mêmes époques et de la même manière ; il n'y a de différence entre l'une et l'autre pépinière que dans la qualité du sol, la distance des plants, qui, dans celle de deuxième classe, peut être plus rapprochée que dans celle de première, dans l'élévation de la tige, qui ne doit pas avoir plus de 5 pieds, et dans le choix des espèces, qui doit être en harmonie avec le climat et le sol où ils doivent être plantés.

Ainsi que je l'ai dit au chap. 1er, dans la classification des sols et des climats, deux hypothèses se rencontrent : un sol riche à exposition fraîche, ou un sol médiocre à exposition chaude. Ces deux hypothèses donnent lieu à la culture du mûrier de deuxième classe. Les pépinières qui doivent fournir des plants à ces localités, doivent, autant que faire se pourra, être placées dans des sols et des climats semblables.

Si le sol est médiocre et jouit d'un climat chaud, il convient de le défoncer plus bas, à 1 mètre au moins de profondeur ; il n'y aurait pas de danger à l'amender légèrement ; les soins de binage doivent y être fréquents ; rien ne doit être négligé pour conserver au sol la fraîcheur nécessaire au développement des racines ; les plants que l'on élèvera dans ces pépinières devant être plantés dans des terrains de même nature, à expositions chaudes, pourront appartenir aux variétés du midi, sans avoir à craindre leurs qualités pernicieuses.

Si, au contraire, les pépinières de deuxième classe sont emplacées dans un sol riche à exposition fraîche, les plants issus de ces pépinières, devant également être plantés dans des localités analogues, ne doivent plus appartenir aux variétés du midi ; les pourettes doivent provenir de la graine de mûre noire, et, s'il en est besoin, être greffées des variétés dont la végétation est la plus sûre dans les expositions fraîches. Il faudra bien se garder d'augmenter la richesse du sol par les engrais.

Les procédés de plantation seront les mêmes, la distance pourra être de 2 pieds en tous sens, et tous les soins ultérieurs en tout semblables à ceux des pépinières de première classe. Mais comme la tige devra avoir une moins grande élévation, il sera bien rare que la pourette n'atteigne pas la hauteur voulue, à la deuxième année ; il faudra par conséquent un an de moins pour terminer l'éducation de cette classe de mûriers. Ils pourront, comme ceux de première classe, se greffer en branche avant ou après leur transplantation à demeure. Pour les expositions chaudes, la greffe en tige est préférable ; pour les climats frais, au contraire, il faut préférer la greffe en branche. J'en déduirai les motifs à l'article *greffe*.

§ V.

Pépinières de troisième classe.

Le sol de ces pépinières, en rapport avec les lieux auxquels elles fourniront des plants, étant ou pauvre avec une exposition chaude, ou médiocre avec une exposition froide, doivent recevoir les mêmes soins de préparation et la même culture que le sol des pépinières précédentes.

Les mûriers issus de ces pépinières devant se planter

dans les climats ou la vigne ne peut pas se cultiver, doivent appartenir à des variétés propres aux climats froids.

La distance des plants peut être de 1 pied de l'un à l'autre sur 1 pied 1/2 d'une ligne à l'autre. La tige doit avoir au plus 3 pieds d'élévation. La formation de la tête ou embranchement, toujours soumise aux mêmes règles, doit être faite aussitôt que la pourette aura atteint cette hauteur, et la suppression des brindilles latérales s'opérer comme dans les autres classes de pépinières. Deux ans, et au plus trois, suffisent à l'éducation de cette classe de mûriers, soumis comme les autres, s'il en est besoin, à l'opération de la greffe, qui, dans cette classe, ne doit s'opérer qu'en branches et sur les sujets seulement dont les feuilles trop fortement échancrées donneraient peu de produit. Le choix des espèces propres aux climats froids est ce qu'il y a de plus important dans cette circonstance.

Je suis naturellement arrivé à la culture du mûrier à basse tige, que l'on a improprement nommé *mûrier nain*. Si nous le réduisons à l'état d'arbuste, il n'en appartient pas moins à la grande famille ; mais dans un sol et un climat qui ne lui permettent pas de développer toutes les facultés dont il est doué, il est rationnel de lui donner une forme et une organisation en rapport avec le sol et le climat qu'il habite.

§ VI.

Des pépinières de quatrième classe.

La culture du mûrier de quatrième classe ne devant existar que dans les sols pauvres, aux expositions froides, il serait plus avantageux de faire ces plantations en pou-rettes, pourvu que l'on eût attention de s'en procurer provenant de graine de mûres noires, et élevées dans un climat à peu près semblable au leur; la difficulté d'accli-mater les plants étant ce qu'il y a de plus difficile pour tous les végétaux, il serait à souhaiter que chaque planteur éleva lui-même ses pourettes.

La préparation du sol est toujours la même; les binages doivent être encore plus fréquents. La tige de cette classe de mûrier ne devant pas avoir plus d'un pied d'élévation, leur éducation est de courte durée; ils sont néanmoins, comme les autres, soumis aux mêmes règles d'embran-chement, de suppression de brindilles parasites, de greffe, etc.; mais l'éducation de pépinière devant être de courte durée, je persiste à dire que cette éducation faite à demeure, offrirait l'immense avantage de ne pas faire perdre de temps par la transplantation. Au chapitre 5, où j'indiquerai la culture qui convient à chaque classe, je traiterai plus amplement de l'éducation de cette classe de mûriers, qui, à demeure, sera la même que celle en pépinière.

Il y aurait sans doute beaucoup à écrire encore sur les pépinières ; une infinité de soins minutieux doivent être donnés à quelques sujets de préférence à d'autres dont la vigueur naturelle triomphe de tous les sols et de tous les climats ; mais, en règle générale, lorsqu'un jeune mûrier ne paraîtra pas doué de la même vigueur que ses voisins, il faudra l'élever pour une classe inférieure à celle à laquelle la pépinière est destinée.

§ VII.

Arrachis.

Le dernier soin à donner aux arbres d'une pépinière, et qui n'est pas le moins important, c'est l'arrachis. Il doit être fait de manière à ne pas mutiler les racines. Combien cette précaution importante n'est-elle pas négligée par la plupart des marchands d'arbres ! Les plants qu'on amène sur nos marchés sont horriblement mutilés ; il ne leur reste, pour ainsi dire, rien de leur organisation première, plus de racines, plus de branches, plus de chances de prospérité. Ainsi donc pour qu'un mûrier passe de la pépinière à demeure, il convient de l'arracher avec les plus grands soins et de le placer immédiatement à la place qui doit être prête quand on procède à l'arrachis. Il ne convient pas de l'*étêter* trop court ; on doit au moins lui laisser un pied de branches, afin de pouvoir lui former un second embranchement suffisamment éloigné du premier, et qui lui conserve une tête propre, sans cicatrices, et ne pas oublier de lui marquer sa situation polaire , afin de la lui conserver. Si le mûrier possède une racine pivotante , il faut , suivant le lieu où il doit être planté , la lui conserver ou la supprimer. Sur tous les versants de nos coteaux ou montagnes , dans toutes les expositions élevées au-dessus du niveau des eaux , la racine pivotante sera un puissant élément de prospérité ; dans nos plaines, au contraire , la racine pivotante nuirait à l'arbre , aussitôt qu'elle atteindrait le niveau des eaux. Les sols de première classe de nos plaines étant pourvus d'une grande quantité d'humidité, les racines horisontales suffisent pour donner à la végétation toutes les parties aqueuses dont elle a besoin ; je juge donc nécessaire de la supprimer.

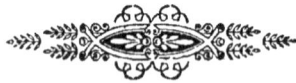

CHAPITRE IV.

DES PLANTATIONS A DEMEURE.

§ Ier

Préparation du sol et distance des plantations.

Pour la préparation du sol d'une plantation , je ne
cesserai de faire la même recommandation : de profonds
affouillements avant l'hiver, le bouleversement du terrain
qui doit recevoir la plantation ; et ce bouleversement,
commun à toutes les classes de mûriers , devient plus ou
moins nécessaire aux terrains en raison directe de leur
perméabilité.

Pour les plantations de mûriers de première et deuxième
classe , le moyen le plus facile de planter est de faire un
trou pour chaque mûrier ; la distance de ces trous doit
varier suivant la richesse du sol. Dans les bons terrains de
notre plaine de Graisivaudan, propres à la culture du
chanvre, la distance des mûriers de première classe doit
être de 8 mètres au moins; dans ceux de cette même
plaine , dont la qualité trop siliceuse ou trop argileuse ne
laisse pas espérer une aussi belle végétation , 6 mètres
peuvent suffire. Mais , en règle générale , dans les bons

terrains on a toujours à se repentir d'avoir planté trop près.

Les trous destinés à recevoir un mûrier doivent être faits d'avance, afin que leurs parois s'impreignent des bienfaits atmosphériques, vastes et de la profondeur à laquelle il convient de planter, suivant les lieux.

Dans nos coteaux, et sur le versant de nos montagnes, dans les terrains bien exposés, où la qualité du sol permet la culture du mûrier de première classe ou de deuxième, les trous doivent également être creusés d'avance, et il est indispensable, dans la majeure partie de ces terrains, d'affouiller profondément tout le sol de la plantation ; ces terrains provenant d'alluvions de montagnes, composées en majeure partie de substances calcaires, de chiste et d'humus, sont ordinairement très-compactes à une certaine profondeur, et le bouleversement du sol est indispensable, soit pour lui donner de la perméabilité, soit pour le garantir du sec. Ce travail peut faire, d'un sol de deuxième et troisième classe, un sol de première, et alors la distance des mûriers doit être la même que dans nos plaines pour les mûriers de première classe. La distance des mûriers de deuxième classe doit être de 4 mètres ; celle des mûriers de troisième classe, de 2 mètres, et ceux de quatrième doivent être plantés à 1 mètre les uns des autres. La distance d'une ligne à l'autre peut varier selon l'usage que le propriétaire veut faire du sol de la plantation ; mais si le terrain planté n'est destiné à aucune autre culture, les distances ci-dessus indiquées doivent être prises en tous sens.

§ II.

Époque et manière de planter.

1re *Classe*. Les mûriers se plantent en automne ou au
printemps ; ces deux époques sont, je crois, aussi avan-
tageuses l'une que l'autre, et je ne saurais pas à laquelle
donner la préférence. Les plantations faites en automne ont
un avantage que n'ont pas celles du printemps, celui de
pousser un peu plus tôt. La raison en est toute simple : le
terrain se tasse naturellement pendant l'hiver, les rapports
qui doivent exister entre la porosité du sol et la capillarité
des racines se forment d'avance, et il doit s'en suivre une
végétation plus précoce. Cet avantage doit-il balancer celui
qui résulte des plantations du printemps ? Les trous qui
ont été soumis, pendant l'hiver, aux influences atmosphériques, n'ont-ils pas, sur ceux que l'on remplit en automne,
l'avantage de contenir plus d'éléments de prospérité ? Toutes
choses bien observées, j'ai remarqué que les arbres plantés
en automne, malgré la précocité de leur végétation, ne
fournissaient pas des pousses plus vigoureuses que ceux
plantés au printemps ; ainsi je ne trouve aux plantations
d'automne d'autre résultat avantageux que celui d'avoir
fait un travail que les occupations multipliées du printemps
peuvent entraver.

Avant de placer le mûrier à demeure, il convient de
fouiller le fond du trou où on le place, et s'il a été creusé
trop bas, de régler cette profondeur, en mettant au fond
du trou la terre qui était, avant de le creuser, à sa super-

ficie, celle du fond devant y être remise la dernière. Dans nos plaines, où l'humidité abonde, la profondeur à laquelle on plante un mûrier ne doit pas dépasser 30 centimètres, tandis que dans les terrains inclinés, et craignant le sec, cette profondeur peut aller jusqu'à 45 centimètres. Cette règle est commune à toutes les classes de mûriers. La profondeur à laquelle se trouvent enfouies les racines est une chose très-importante ; le planteur doit y faire la plus grande attention. En règle générale, le collet des racines devrait se trouver à la superficie du sol ; mais avec la mutilation que les racines ont subie, cela deviendrait, sinon impossible, du moins dangereux, à moins que, dans l'arrachis, de longues racines n'aient été conservées ; dans ce cas, leur extrémité pourrait atteindre le fond du trou, alors même que le collet serait à fleur de terre.

Pour abréger le travail et le rendre plus facile, il convient de placer d'avance, dans le trou, le pieu qui doit servir de tuteur au mûrier, et l'alignement de la plantation doit être fait avec ces pieux avant de placer les mûriers. Ces pieux ou tuteurs doivent être polis, afin que les tiges des mûriers ne soient pas meurtries par le frottement de l'écorce contre les aspérités ou nœuds du tuteur. Il doit y avoir entre le tuteur et le mûrier une distance de 2 ou 3 centimètres, afin que la base du tuteur ne gêne pas l'accroissement de celle du mûrier ; l'intervalle entre l'un et l'autre doit être dans deux endroits au moins (le sommet de la tige, et 1 mètre au-dessus de sa base) garni de paille ou toute autre matière propre à empêcher le frottement entre le tuteur et l'arbre, et le lien qui sert à les unir doit être changé toutes les fois qu'il paraît vouloir s'im-

preigner dans l'écorce du mûrier. Le tuteur ne doit pas
s'élever au-dessus de l'embranchement , afin que le balancement des pousses , occasioné par les vents , ne
fasse pas endommager leur écorce ; le frottement d'un
arbre en végétation , avec un corps plus dur , forme d'a-
bord une lésion à l'écorce et au *liber ;* cette lésion dégénère
plus tard en carie , chancre ou ulcère , et endommage
fortement le mûrier.

Les tuteurs une fois placés et alignés , on place le mûrier
dans son trou , au midi du tuteur ; on rafraîchit avec la
serpette l'extrémité des racines ; on supprime celles auxquelles l'arrachis a fait de trop grands dommages et on
étend celles que l'on conserve , avec précaution et dans
les directions qu'elles avaient en pépinière. Si les racines
ont plusieurs étages , on recouvre celles inférieures d'une
légère couche de terre pour les séparer des supérieures ,
et on procède à l'arrangement des autres que l'on recouvre
également , en conservant à chaque rang la distance que
la nature lui avait donnée ; elles doivent toutes être inclinées vers le fond du trou , afin de ne pas contrarier
l'effet ascensionnel de la capillarité. Les racines une fois
arrangées et recouvertes d'une couche de 3 ou 4 centimètres de terre , on peut placer dans les trous , à **20**
centimètres de distance de la tige , l'engrais qui était destiné à la plantation , et après , les boucher entièrement ,
ou *raser,*

§ III.

Des engrais.

Les engrais les meilleurs pour les plantations sont ceux qui proviennent de décompositions végétales, et s'il était possible de faire opérer cette décomposition dans le trou même du mûrier, elle n'en vaudrait que mieux ; ainsi, ceux qui mettent dans les trous de leurs arbres des buis, des paquets de genièvre, des feuillages, donnent à leurs arbres un engrais aussi puissant et plus efficace que celui provenant de matières fécales. L'effet de l'engrais ne se produisant que par émanation et absorption, celui-là produira plus d'effet sur les grands végétaux, qui fournira ses émanations au fur et à mesure des besoins du végétal qui l'avoisine. J'ai fait divers essais là-dessus, et voici dans quelle proportion j'établis l'efficacité des engrais que j'ai donnés aux plantations de mûriers. Sur vingt mûriers plantés à côté les uns des autres, cinq ont été fumés avec de l'engrais ordinaire d'écurie, cinq avec ce que nous appelons ici de la *bringue* (vidange de fosses), cinq avec des végétaux, tels que tiges de choux, fanes ou plantes de pommes de terre, et cinq avec de la feuille de mûrier, cueillie en automne et conservée sèche exprès pour l'essai. Ceux qui ont végété avec le moins de vigueur sont ceux fumés avec l'engrais de fosses, après et un peu mieux, ceux fumés avec engrais d'écurie, et ceux fumés avec de la feuille de mûrier se sont développés avec une rapidité incroyable ; leur accroissement s'est soutenu toujours dans la même proportion.

J'ai répété un essai de cette nature avec d'autres ingrédients, avec le buis, le genièvre, les débris de nos haies, des feuilles de noyer, des tiges de maïs, et toute espèce de plantes vertes mises en décomposition naturelle dans les fossés des plantations ; la végétation produite par ces divers genres d'engrais offre peu de variantes, toujours supérieure à celle produite par les engrais d'écurie et de fosses, mais inférieure à celle produite par la feuille de mûrier, après laquelle les débris et tiges de choux et la fane de pommes de terre arrivent en première ligne. Dans les terrains compactes, les engrais de buis et ceux semblables doivent être préférés.

Les procédés de plantations de mûriers de troisième et de quatrième classe ne sont pas tout-à-fait les mêmes ; le rapprochement des plants nécessite le creusement d'un fossé au lieu de l'ouverture de trous ; mais, du reste, l'affouillement du sol, la profondeur, les précautions pour l'emplacement des racines, pour l'engrais, doivent être les mêmes ; la culture seule et les espèces doivent être différentes, et réglées par le climat et le sol.

CHAPITRE V.

DE LA CULTURE ET DES SOINS DES PREMIÈRES ANNÉES DE LA PLANTATION A DEMEURE.

§ 1er

Soins généraux.

La culture du sol joue toujours un rôle bien important; c'est d'elle que dépend la réussite des plantations. Pour les mûriers de toutes classes, le binage, la destruction des plantes parasites, sont des soins indispensables. La première année de plantation des mûriers à haute et moyenne tige, il convient de ne rien ensemencer au bas de la tige et de biner ou labourer, deux fois au moins par an, à deux ou six pieds autour de l'arbre. La prospérité future de l'arbre dépend principalement de la formation des racines destinées à remplacer celles que la transplantation a fait perdre, et l'introduction de l'air jusqu'à ces racines facilite merveilleusement la cicatrisation des blessures occasionées par l'arrachis. Ce qu'il y a de plus à craindre, c'est la formation d'ulcères aux racines; le manque de binages fréquents pendant les deux premières années, ou l'ensemencement de toutes récoltes au bas de la tige peut y

donner lieu. N'oublions donc pas qu'un mûrier nouvellement planté, a besoin, pour réparer les pertes qu'il a faites,
de tout le soleil, de tous les bienfaits de l'influence atmosphérique, que le voisinage de plantes parasites pourrait lui
disputer ; ce besoin d'air et de soleil est encore plus im-
périeux pour les mûriers à basse tige, qui, par rapport à
leur rapprochement, ne permettent, parmi eux, aucune
culture étrangère.

§ II.

Membrure par l'ébourgeonnement.

Après la transplantation, on verra surgir une grande
quantité de bourgeons sur tous les parois de la tige et sur
les branches qui auront échappé à la serpette. Il convient
de supprimer avec soin ceux qui se forment le long de la
tige, au fur et à mesure de leur apparition, ainsi qu'une
partie de ceux qui se forment au-dessus de l'embranchement. Le nombre des bourgeons qu'il convient de laisser
est réglé par la forme du premier embranchement. Si
l'embranchement primitif a été formé sur deux branches,
on conservera, sur chacune d'elles, deux bourgeons ; chaque
bourgeon doit être placé dans une position convenable,
c'est-à-dire des deux côtés opposés de chaque branche,
l'un près de la jonction de la mère branche avec la tige,
et l'autre près de l'extrémité de cette branche, au bout où
elle a été coupée, et les quatre bourgeons ainsi choisis
doivent être placés de manière à ce que les bourgeons

inférieurs ou supérieurs ne soient pas du même côté. Ce choix une fois fait, il faut veiller avec soin à leur conservation, protéger leur faiblesse contre la dent des bestiaux et contre la fureur des vents, empêcher le surgissement de nouveaux bourgeons, soit sur la tige, soit à l'embranchement.

Si les arbres ont été membrés sur trois ou quatre branches, il convient de n'élever qu'un bourgeon par chaque branche, à une distance égale l'un de l'autre; dans ce cas, chaque bourgeon doit être, autant que possible, placé près de l'extrémité du tronçon de chaque branche, afin de conserver intact le premier embranchement. Ces soins ne s'étendent pas au mûrier de quatrième classe, dans laquelle il n'est pas possible d'avoir des sujets régulièrement membrés.

Les soins de la deuxième année, pour les mûriers de première, deuxième et troisième classe, se réduisent à peu de chose : veiller à ce qu'il ne surgisse pas de nouveaux bourgeons sur la tige ou les mères branches, et biner fréquemment le terrain autour de l'arbre. Il ne convient pas de tailler un mûrier à la seconde année de sa transplantation ; les branches nouvelles qu'il a nourries lui sont nécessaires pour réparer les pertes de l'arrachis ; et s'il est de bonne espèce on peut, dès la seconde année, lui aider à former son second et troisième embranchement. Cette opération, qui a lieu sans le secours de la serpette, demande toute l'attention du planteur ; Il s'agit de choisir dans la longueur de deux pieds, sur chaque branche nouvelle, trois bourgeons, éloignés les uns des autres de 5 à 6 pouces, échelonnés régulièrement ; de supprimer, au moment où ils surgissent, tous les bourgeons intermédiaires ; de supprimer l'extrémité de la branche, rez le bourgeon le plus élevé, et de veiller à ce que les bourgeons adoptés soient les seuls qui profitent de l'ascension du fluide séveux. Chacun de ces bourgeons formera une nouvelle branche qui, l'année suivante, pourra être soumise à la même opération.

Ce procédé ne peut avoir lieu, la seconde année de la transplantation à demeure, qu'autant que la végétation de la première serait belle. S'il arrivait que les nouveaux jets fussent munis de brindilles latérales, il faudrait, avec la serpette, faire la même opération que celle de l'ébourgeonnement à la main, le jet ou bourgeon inférieur devant avoir une distance de 25 à 30 centimètres au moins du premier embranchement, et ceux supérieurs une distance de 15 à 20 centimètres les uns des autres. Ce procédé a sur celui de la taille un immense avantage ; d'abord celui de ne pas faire de cicatrices aux branches, et, ce qui est mieux encore, celui de jeter sur la branche que nous voulons conserver, tous les sucs, toute la végétation que vingt jets rivaux lui auraient disputés.

Si les jeunes mûriers n'ont pas fourni une belle végétation, il convient d'opérer le *recepage* sur le nouveau jet et de veiller à ce qu'il n'en fournisse qu'un, qui, l'année suivante, pourra recevoir l'opération de la membrure par l'ébourgeonnement ; toujours est-il que cette opération ne peut avoir lieu que sur les sujets dispensés de la greffe, ceux que l'on doit greffer étant soumis, jusqu'après la greffe, à un traitement tout différent.

Quelle que soit la beauté de la première végétation , il

n'est pas prudent de soumettre un mûrier à cette doulou-
reuse opération avant que les blessures des racines ne soient
parfaitement cicatrisées, et, pour cela, les deux premières
années sont nécessaires. Dans ce cas, on ne touchera pas
aux jets de première année, on veillera seulement à ce
qu'il n'en surgisse pas de nouveaux, afin que les jets
adoptés aient toute la végétation au commencement de la
troisième année; et long-temps avant que le fluide séveux
ait commencé son mouvement ascensionnel, on coupera
ces jeunes branches à 30 centimètres au moins du premier
embranchement. Lorsque les nouveaux bourgeons se dé-
velopperont, on aura attention de supprimer ceux de
moindre apparence, à l'exception des trois ou quatre plus
vigoureux par chaque branche, régulièrement placés et
espacés. Chaque jet produit par ces nouveaux bourgeons
pourra recevoir une greffe à la quatrième année, et chaque
jet provenant de la greffe recevoir ensuite l'opération de la
membrure par l'ébourgeonnement.

La distance des embranchements que je viens d'indiquer
s'applique aux mûriers de première classe; elle doit être
moindre, en raison directe de la différence d'élévation
de la tige.

Je ne pourrais assez recommander à tous nos cultivateurs de mûriers d'avoir recours à ce mode de membrer
les mûriers; il y a une si grande différence de vigueur,
de santé et d'accroissement pour les sujets que j'y ai soumis,
avec ceux que j'ai élevés d'après les méthodes usitées en
Provence, dans les Cevennes, en Italie ou partout ailleurs,
que je ne doute pas que les habitants du midi ne renon-
çassent immédiatement à leurs fâcheux procédés de taille

rase, lorsqu'ils auront essayé ma méthode, surtout pour les premières années des plantations.

La membrure une fois opérée sur toutes les classes de mûriers, les soins changent: le climat, le sol, la hauteur de la tige modifient cette culture qui ne peut pas raisonnablement être la même partout. Ici commence naturellement cette division que j'ai établie pour chaque classe, et la série des soins propres à chacune d'elles.

§ III.

Mûriers de première classe.

Le mûrier de première classe est celui qui, placé dans un bon sol et un climat chaud, peut y développer toutes les qualités dont la nature l'a doué ; celui qui, élevé à grande tige, peut faire partie de la famille des grands végétaux à laquelle il appartient.

La culture de cette classe de mûriers est la plus généralement répandue partout, quels que soient le sol et le climat. Nos planteurs ont voulu posséder des mûriers à plein vent; de là, cette différence d'accroissement, cet aspect rachitique de beaucoup de plantations ; de là, le peu de progrès que cette culture a faits dans certaines localités où la qualité médiocre du sol et la fraîcheur du climat ne répondaient pas aux exigences des planteurs. S'ils eussent abaissé les tiges de leurs arbres en proportion directe de la pauvreté de leurs positions, s'ils se fussent contentés d'élever des mûriers de troisième ou quatrième classe, appartenant aux

espèces propres aux climats froids, alors ils eussent reconnu qu'il n'est pas rationnel d'exiger d'une localité des
produits qu'elle ne peut créer.

Un climat chaud et un sol riche peuvent plutôt permettre
un contre-sens en culture d'arbre. Toutes les classes de
mûriers y végéteront vigoureusement, et la vigueur de
végétation, la longueur des pousses y seront même en raison
directe de l'abaissement des tiges ; mais ce contre-sens
nous fera perdre en produits réels et en qualité de produits
ce que nous croirons gagner en apparence végétative.
Dans un sol riche, les sucs abondent, les émanations du
sol sont considérables, la chaleur leur donne une grande
activité ; il faut que les végétaux destinés à habiter ces
heureuses localités soient construits sur une échelle vaste,
en harmonie avec l'abondance des principes de végétation.
Les végétaux appartenant aux grandes familles n'y joueront
pas impunément le rôle d'arbuste, et cette lutte incessante
de la nature contre la volonté de l'homme, causera bientôt
la perte du végétal, obligé de vivre autrement que son
organisation le lui prescrit. Il est bien rare, en effet, que
des mûriers nains vivent long-temps dans un sol riche et
un climat chaud ; les fréquentes tailles destinées à lui
conserver sa forme basse ne lui laissant pas assez d'espace
pour dépenser l'abondance des sucs que les racines envoient
dans la tige, et la suppression de ses branches destinées à
humer dans l'atmosphère les substances aériennes, dont le
mélange et la proportion est indispensable à l'élaboration
du fluide séveux, il en résulte une décomposition de ce
fluide, l'origine de chancres, d'ulcères qui entraînent la
mort du sujet. Dans ces heureuses localités, contentons-

nous donc de la culture du mûrier de première classe , et si nous cultivons quelques haies plantées en pourettes , hâtons-nous d'user de leurs produits , car leur existence , dans nos climats et sols de première classe , sera de courte durée.

Les embranchements d'un mûrier de première classe une fois formés , ce qui doit être fait dans les trois ou quatre premières années de sa transplantation à demeure , il convient d'attendre encore un ou deux ans avant de l'effeuiller ; pendant ce temps il se développe , se fortifie , se crée lui-même de nouveaux embranchements , de nouveaux et nombreux organes. Ses fibres , ses filaments , ses tubes prennent une fixité , une perfection nécessaires à sa santé et à sa durée ; la qualité de ses feuilles s'améliore , et l'on peut , après ces deux années de repos , le faire contribuer avec ses aînés , à augmenter nos richesses. Un arbre ainsi élevé peut , si sa végétation n'a pas été entravée par des accidents , produire , après six années d'attente , 40 à 50 livres de feuilles , et à l'âge de dix ans en produire 50 kilogrammes. Si , au contraire , notre avidité , notre impatience nous font dévancer cette époque pour nous approprier ses produits , nous pouvons tout au plus en obtenir le quart à la même époque , et nous n'avons pas à attendre de lui un accroissement satisfaisant. Cette vérité est malheureusement peu sentie , et la plupart des planteurs commencent à effeuiller leurs mûriers à la deuxième ou troisième année ; aussi , voyez l'aspect malheureux , le peu de vigueur , l'accroissement nul de la majeure partie des mûriers de nos plaines où il n'est pas rare , après dix années de plantation à demeure, de rencontrer des mûriers ne produisant pas 20 livres de feuilles.

Pendant les deux années qui précèdent la cueillette de la feuille, il y a peu de chose à faire pour soigner les mûriers. L'assollement toujours ; des précautions pour empêcher le frottement des tiges contre leurs tuteurs ; éviter de les heurter avec la charrue, la herse ou tout autre instrument tranchant. Les contusions à la tige sont dangereuses, surtout pendant la végétation. Lorsque le mûrier est en pleine végétation, il faut le visiter, et voir quels sont, à l'extrémité de chaque pousse, les bourgeons supérieurs auxquels la nature donne la préférence, et supprimer avec un instrument bien tranchant, rez le bourgeon le plus élevé qui paraît vigoureux, la pointe de cette pousse que l'hiver peut avoir endommagée, et dont la végétation serait peu de chose ; changer les liens qui unissent le mûrier au tuteur, toutes les fois que le développement de la tige fera craindre que ce lien ne s'impreigne dans l'écorce ; changer la paille qui sépare le mûrier du tuteur lorsqu'elle est pourrie ; l'humidité peut endommager l'écorce ; détruire avec soin les lichen ou mousses qui pourraient naître sur la tige ou les branches, et surtout ne jamais semer autour des mûriers de la luzerne ou toute autre prairie artificielle.

Le mûrier une fois assez fort pour être effeuillé, a encore besoin de nos soins. La cueillette de la feuille doit se faire de manière à ne pas l'endommager ; le cueilleur de feuille doit dominer la branche qu'il veut dépouiller, ne pas la tordre, et la remettre avec soin à la place qu'elle occupait précédemment ; tous les jets cassés ou froissés doivent être immédiatement retranchés avec un instrument bien tranchant , ainsi que les petites branches mortes. Il faut éviter de monter sur les branches des jeunes mûriers , bien qu'elles paraissent assez fortes pour porter un homme , le frottement des sabots ou des souliers ferrés endommage l'embranchement , et fait périr l'écorce partout où elle est un peu comprimée. Il faut pour la cueillette de la feuille , se servir d'échelles à trois pieds , assez élevées pour dominer l'arbre , ou , si l'on se sert d'échelles ordinaires , il convient de garantir la branche où l'échelle appuie , d'un frottement trop fort qui ferait aussi périr l'écorce en cet endroit ; bien se garder de laisser , comme cela se pratique dans beaucoup d'endroits , un bourgeon à l'extrémité des pousses ; enfin , profiter, autant que possible , d'un jour serein pour effeuiller un jeune mûrier, à quelle classe qu'il appartienne.

Le reste des soins qu'exigent les mûriers de première classe , gissent dans la taille et l'émondage. Les époques et la manière dont ces opérations doivent être faites , seront traitées ultérieurement au chap. 8 , où je parlerai de *la taille* des mûriers de chaque classe et de tout âge.

§ IV.

Mûriers de deuxième classe

Cette classe de mûriers , dont la tige doit être moins élevée que celle des mûriers de première classe , peut se diviser en deux sections , l'une dépendant des terrains médiocres à expositions chaudes , l'autre des bons sols à expositions fraîches ; la première, plantée dans des terrains pas assez substantiels pour la culture du chanvre, et assez chauds pour que le raisin acquierre une parfaite maturité ; et la deuxième, plantée dans des sols assez riches pour la culture du chanvre, mais situés dans des localités où le raisin n'acquiert qu'une maturité imparfaite.

Deux raisons opposées empêchent, dans ces deux localités, que le mûrier n'y acquierre tout le développement dont il est susceptible. Dans la première, le fluide séveux, plus rare en raison de la qualité peu substantielle du sol, ne fournira pas beaucoup de sucs au développement des organes aspiratoires, et l'accroissement de l'arbre y sera en raison directe de ce développement ; la végétation y sera courte, et l'absorption aérienne y jouant un plus grand rôle que l'ascension du fluide séveux, les jets, quoique plus courts, y seront gros et nourris. Dans la deuxième section, au contraire, l'abondance du fluide séveux, par rapport à la richesse du sol, y développera une grande quantité de brindilles, qui, par rapport à la fraîcheur du climat, ayant leurs organes aspiratoires, leurs pores peu développés, fourniront des jets longs, mais minces et peu nourris ; de là, cette différence d'aspect que la végétation présente dans chaque localité ; de là aussi, la nécessité de varier la culture et de bien choisir les espèces dont la végétation offre plus de chances de succès dans chaque localité.

Si j'ai, dans ces deux hypothèses, abaissé la tige des mûriers, c'est que, dans le premier cas, il est évident que la tige n'eut pas été, en raison de l'accroissement des branches ; la cause de cet accroissement tenant, presque

en entier, à l'absorption aërienne, eut, avec une tige
élevée, donné tous ses produits autour des organes aspiratoires, et il s'en fut suivi, ce qui arrive toujours, dans
ces localités, aux mûriers à trop haute tige, que le développement de la tête est considérable et celui de la base
nul ; qu'une infinité de branches se forment et grossissent,
tandis que les racines prennent peu d'accroissement ; dès-
lors, manque d'harmonie, manque de vitalité, et perte
de produits.

L'élévation des tiges dans la deuxième section n'offrirait
pas le même inconvénient ; la richesse du sol fournissant
abondamment les sucs aqueux, donnerait à l'arbre un
développement qui, n'étant contrarié que par la difficulté
de l'absorption aërienne, serait plus lent, mais pourrait à la longue donner des produits, et la tige se trouvant
dans une région plus basse que les branches, y prendrait
du développement par sa propre absorption. Mais ne vaut-
il pas mieux abaisser cette tige, amener par cet abaissement les organes aspiratoires au niveau des émanations
terrestres, qui, dans les pays froids, sont moins dilatées,
moins considérables, et s'élèvent bien moins que dans les
pays chauds, où la radiation est prodigieuse ? Par ce procédé on établit, comme dans la première section, l'équilibre, l'harmonie entre ces deux principes de la végétation.
La culture du mûrier de deuxième classe est surtout impérieusement commandée dans les plaines exposées aux vents,
quelle que soit la richesse du climat et du sol ; dans ces
plaines, les substances aëriennes, emportées qu'elles sont
par les vents qui règnent continuellement, rasent la terre,
et ne s'élèvent par l'effet du calorique que dans les mo-

ments de calme, c'est-à-dire rarement ; le balancement continuel des tiges élevées, interceptant l'ascension du fluide séveux, nuirait nécessairement à l'accroissement des mûriers. Cette vérité a été bien reconnue par les habitants du midi. Il est bien rare, dans les plaines de la Provence, de rencontrer des arbres à haute tige ; les arbres qui y acquièrent un développement prodigieux, ont des branches peu élevées qui, par leur rapprochement avec le sol, se trouvent parfaitement placées dans la région des émanations terrestres que les vents continuels obligent à raser la terre ; le développement forcé de leurs mûriers est horizontal au lieu d'être vertical comme dans les pays où le calme de l'atmosphère permet aux mûriers de prendre la forme que la nature leur assigne.

Les soins de culture, dans cette classe de mûriers, sont absolument les mêmes que pour ceux de première classe ; il ne doit y avoir de différence que dans le choix des espèces. La membrure ou formation de l'embranchement doit néanmoins être plus courte et proportionnée à l'élévation de la tige, réglée également sur la vigueur ou la faiblesse de chaque sujet. Cette classe de mûriers peut être effeuillée un ou deux ans avant la première ; son organisation, formée sur une moins grande échelle, est plutôt achevée. Il n'est pas prudent, malgré cela, de les effeuiller avant que l'embranchement soit achevé, et que la vigueur du sujet annonce qu'il est parfaitement remis de la secousse produite par la transplantation.

Les soins ultérieurs d'émondage et de taille doivent être réglés par la localité ; dans les expositions chaudes on aura besoin d'y recourir moins souvent que dans les expositions fraîches, parce que l'effeuillement plus précoce et le climat plus chaud, permettront aux pousses qui surgissent après, de se mûrir et de mieux résister aux intempéries ; ces différents cas seront, comme pour la première classe, traités au chap. 8.

§ V

Mûriers de troisième classe et de quatrième.

Les mêmes raisons, développées au paragraphe précédent, qui m'ont déterminé à prescrire l'abaissement des tiges de mûriers, se présentent encore ici, mais avec plus d'intensité. Le sol s'appauvrit encore, et acquiert de l'aridité avec la même intensité de chaleur, ou le sol s'appauvrit avec une atmosphère plus froide que celle de la deuxième section de deuxième classe. Nous sommes dans ces terrains secs, presque arides, où l'intensité du calorique est considérable, où la végétation tient, pour les parties aqueuses, aux caprices de l'atmosphère, et n'a une vie réelle que par l'effet de l'absorption atmosphérique, ou bien dans ces plaines immenses de notre département, telles que la plaine dite de *Bièvre*, où le sol graniteux et siliceux, combiné avec du gypse, s'oppose à la culture du chanvre, où la fraîcheur des vents qui y règnent continuellement, rend presque nulle l'absorption aérienne. Ces deux causes opposées amènent les mêmes résultats, et nécessitent impérieusement la culture du mûrier *nain*, ou de celui de quatrième classe. Ces deux cultures marchent de pair, et peuvent s'unir dans un même sol.

L'élévation des mûriers de troisième classe est peu considérable ; la tige ne doit pas avoir plus de 30 à 40 centimètres ; l'élévation de la tige ainsi fixée , la forme et les règles de l'embranchement doivent être en proportion de cette élévation. La distance d'un mûrier à l'autre doit être de 2 mètres en tout sens. Si l'on veut allier la culture du mûrier de troisième classe avec celle du mûrier de quatrième , on doit placer les lignes de troisième classe à 4 mètres de distance , afin d'y cultiver entre-deux, une ligne de mûriers de quatrième classe , dont la distance de l'un à l'autre doit être d'un mètre. Ce mode m'a paru , pour les climats froids , plus avantageux que la culture du mûrier *nain* seule. Il est inutile de dire que pour ces deux classes de mûriers , les espèces doivent être également choisies , et ce choix déterminé par le climat.

Ces deux classes de mûriers peuvent donner beaucoup de produits, malgré l'obligation dans laquelle on est, dans les climats chauds , d'alterner leur effeuillement par tiers (deux tiers en produit annuel), et dans les climats froids par moitié.

Le mûrier de quatrième classe est une pourette bien racinée , que l'on plante avec soin , et que l'on recèpe tous les deux ans à 8 à 10 centimètres près de terre , sur laquelle on élève plusieurs jets ; ce recepage doit toujours se faire au printemps , afin de s'approprier ses produits l'année suivante.

Dans les climats chauds ce recepage peut avoir lieu après la cueillette de la feuille , pourvu qu'on supplée par l'engrais à l'ingratitude du sol , à la condition néanmoins de laisser , de loin en loin , quelques années de repos à ces

deux classes de mûriers. Dans les climats froids , l'obligation de la taille au printemps , nécessitée par le peu de
végétation après l'effeuillement , ne permet d'effeuiller
que la moitié des mûriers de ces deux classes chaque
année.

Pour ces deux genres de plantation , on est obligé de
creuser des fossés , autant que possible , dans une direction nord et sud , à la distance ci-dessus prescrite ; la
profondeur de la plantation doit varier selon la qualité
humide ou aride du sol ; les assolements, binages et préparation de sol , étant communs à toutes les classes , je
n'y reviens pas. Le rapprochement de cette classe de
mûriers ne permet aucune autre culture entre ses lignes.
L'engrais , le bigot , la serpette , voilà leurs éléments de
prospérité.

CHAPITRE VI.

DES DIVERSES VARIÉTÉS DE MURIERS.

---

§ Ier

*Considérations générales sur la nature du mûrier et sur
l'origine des variétés.*

Tous les auteurs qui ont écrit sur la culture du mûrier,
ont décrit diverses variétés composant cette nombreuse
famille, et la description que chacun a fait de ces variétés
diffère beaucoup ; leur nombre et leur nomenclature n'est
nulle part semblable dans aucun ouvrage. Néanmoins, je
n'ai point vu pousser la bisarrerie de nomenclatures inintelli-
gibles aussi loin que dans une traduction récente d'ouvrages
chinois, par M. Stanislas Julien. Divers auteurs qui ont
traité cette matière sous le rapport agricole ont poussé la
division des espèces jusqu'à l'infini. Malgré toutes mes investigations, toutes mes recherches, je n'ai pu découvrir
qu'une *seule espèce de mûriers*, se divisant en deux *branches*,
que j'appellerai *races*: la *blanche* et la *noire*.

Bien que cet ouvrage ne soit écrit que pour des cultivateurs, étrangers pour la plus part aux règles de la botanique, je suis, malgré moi, obligé d'introduire ici quelques

termes qui ne seront intelligibles que pour ceux qui la connaissent.

D'après Linné, le mûrier est *monoïque*, c'est-à-dire que ses deux sexes, *mâle* et *femelle*, se rencontrent le plus souvent sur la même tige ; que le mûrier a des *fleurs mâles* avec *pétales et étamines* unies à des *fleurs femelles apétales* avec *pistils* et *ovaires sans étamines* sur la même tige.

Cette règle trouve de nombreuses exceptions. On voit très-souvent les deux sexes chacun sur une tige séparée. On voit des mûriers ne portant que des fleurs mâles *avec pétales et étamines sans pistils et ovaires*, ce qui constitue le sexe masculin, et d'autres ne portant que des fleurs femelles *apétales sans étamines*, avec *pistils* et *ovaires*, ce qui constitue le sexe féminin, ce qui me ferait penser que le mûrier fut dioïque primitivement, c'est-à-dire qu'il sortit des mains du créateur muni de ses deux sexes, chacun sur une tige séparée. Cette opinion semble être celle du célèbre naturaliste Jussieu, qui a classé le mûrier dans la famille des urticées, dont le caractère le plus distinct est de posséder leurs deux sexes sur des tiges séparées (les orties, les épinards, le chanvre, etc.).

Je me garderai bien ici de contredire l'immortel Linné. Si je me suis permis une légère dissertation sur son système, ce n'est que pour arriver plus facilement à la solution des inombrables problèmes que la nature nous donne à résoudre, et pour mettre plus de méthode dans les subdivisions que je suis obligé d'établir, afin d'arriver à une nomenclature que tout le monde puisse comprendre.

En botanique, il n'est rigoureusement reconnu qu'un

genre dans le mûrier, mais les naturalistes me passeront sans doute la division qui suit, en faveur du besoin d'être compris de tous. Ainsi je trouverai, à défaut de mot plus convenable, trois *genres* dans le mûrier ; ces genres sont : *le mâle, la femelle* et *l'hermaphrodite ou bissexuel. Le mâle ou mûrier à chatons*, ne portant que des fleurs mâles et pas de fruits ; *la femelle*, ne portant que des fleurs femelles avec des fruits, et *l'hermaphrodite ou bissexuel* portant réunis des fleurs mâles, des fleurs femelles et des fruits, et réunissant, par là, les deux sexes sur la même tige.

C'est du mélange des *sexes*, des *races* et des divers *genres* que nous adoptons, ainsi que du mélange des variétés issues du mélange primitif, qu'est provenue, avec l'abâtardissement des races, cette multitude de variétés que nos écrivains ont prises pour des espèces distinctes, et la subdivision des variétés s'est encore accrue des variétés produites par la différence des sols et des climats, et par la subdivision des mélanges. Ainsi le mélange des deux *races*, soit par l'accouplement, soit par la greffe, nous a doté des variétés *roses* ou *violettes*, suivant la proportion du mélange, et la subdivision de chaque sous–variété a dépendu de la proportion du mélange des variétés entr'elles. Le mélange des sexes par la greffe ou par l'accouplement a ensuite produit les *bissexuels* ou *hermaphrodites*, et ce phénomène a varié de forme et de couleur suivant la *race* à laquelle appartenaient les sujets mélangés, suivant la proportion du mélange ou selon la *race* à laquelle appartenait le sujet superposé à l'autre.

Pour bien s'expliquer les phénomènes nombreux qui tiennent soit au mélange des sexes, soit au mélange des races, il importe de remonter aux causes premières de ces mélanges; il importe aussi de rechercher les causes qui ont fait préférer telle race à telle autre.

L'importation du *mûrier noir* en Europe se perd dans la nuit des temps. Le lieu où il fut d'abord implanté ne peut se découvrir que conjecturalement par l'étude des rapports des races entr'elles et en suivant la chaîne de l'affiliation des deux *races*, en déroulant et décomposant tous les chaînons de cette chaîne et remontant, par là, jusqu'à la race première, et jusqu'aux lieux où cette race a conservé les caractères qui lui sont propres.

L'importation de la race blanche est postérieure ; on peut lui assigner pour date l'époque de nos incursions dans le Levant, et il n'est pas douteux qu'elle n'a point pris la même route que la noire pour arriver jusqu'a nous.

L'origine des variétés, qui forment autant de chaînons des deux races mélangées, est plus facile à préciser. Les effets du mélange des races peuvent encore se renouveller, et ses résultats se constatent et s'apprécient, puisque, malgré tous les efforts humains pour leur abâtardissement, nous possédons encore à leur état pur les types des deux races.

Le *mûrier noir* fut, à n'en pas douter, le premier importé. La soie qu'il produit n'a pas la finesse et le brillant de celle que produit le mûrier blanc ; cette différence doit nous faire comprendre l'engouement général qui dut accompagner l'introduction de la race blanche en Europe, les efforts inouis pour substituer une race à l'autre, et l'impossibilité dans laquelle on fut d'y procéder autrement que par la greffe ou par le semis des graines de la race noire, fécondées par les étamines de la race blanche, les fruits de la race blanche première n'acquérant pas leur maturité dans nos pays. De là, l'origine de toutes ces nuances du blanc au noir et du noir au blanc; de là, la formation inombrable de ces *bissexuels* blancs, noirs, violets, gris, etc., qui ne doivent leur origine qu'au mélange des *sexes*, sans égard à la race de laquelle étaient issus les sujets soumis à l'opération.

Le mûrier blanc était certainement très-répandu en Orient, et surtout en Grèce à des époques très-reculées ; mais dans ces contrées, comme dans les nôtres, l'existence du mûrier noir y était antérieure. Roger le conquérant, premier roi de Sicile, dota sa patrie du mûrier blanc, et, pour l'Italie, cette île paraît avoir été le premier lieu où s'opéra l'alliance des deux races, la blanche superposée. Les mûriers blancs ou variétés blanches issues du mélange primitif s'étendirent ensuite rapidement dans les pays voisins. D'un autre côté, le royaume de Grenade faisait subir à cette culture les mêmes variantes que la Sicile. Le reste de l'Espagne, le midi de la France d'un côté, l'Italie et le Piémont de l'autre, firent marcher cette culture à la rencontre l'une de l'autre, et les races premières s'appauvrirent, dégénérèrent et finirent par s'effacer presque à mesure qu'elles s'éloignaient du point de départ.

Ces diverses combinaisons de races et de sexes, dues au hasard, ont été très-heureuses pour tous les pays. Elles ont fourni des variétés qui, de proche en proche, ont pu s'acclimater partout. C'est à nous maintenant à choisir celles qui nous conviennent.

Le *mûrier blanc type*, dont la contexture est légère et délicate, dont les pores, les fibres et les tubes sont d'une plus grande dimension, dont l'écorce est plus tendre et moins ligneuse, dont la moëlle est beaucoup plus grosse que celle du mûrier noir, demande un climat au moins tempéré. Je considère comme type de cette race le mûrier des Philippines, *murus multi-caulis*, qui se cultive dans ces îles, dans une partie de l'Inde et en Chine, à haute tige. Ce mûrier, dont les variétés blanches que nous possédons sont issues, mais abâtardies et dégénérées par le mélange avec la race noire, est originaire des climats chauds. Il nous sera bien difficile d'acclimater cette race première, et nous serons obligés de chercher dans les variétés blanches celles que le mélange des races a rendues propres à nos climats, ou de la mélanger avec des variétés à contexture moins délicate afin d'arriver, de proche en proche, à sa naturalisation.

Le *mûrier noir type*, au contraire, est doué d'une organisation plus robuste ; son écorce est plus épaisse et plus ligneuse, ses fibres, ses filaments, ses tubes sont plus serrés ; sa végétation, moins précoce, semble être elle-même en harmonie avec la tardive arrivée du printemps dans les climats froids ; tout en lui annonce que s'il n'est pas originaire des climats froids, il est du moins destiné à les habiter, et le mélange de la race noire avec la blanche a fourni toutes les variétés qui doivent peupler la terre et prospérer dans toutes les régions.

Il y a des caractères bien distincts qui sont propres à chaque *race* : les feuilles de la race noire sont dures et épaisses, lanugineuses et âpres au toucher ; leur forme est beaucoup moins allongée que celle de la feuille du mûrier blanc, qui, moins épaisse, plus longue et lisse des deux côtés, paraît, par sa contexture, plus délicate et moins propre aux climats froids.

Si, dans quelques variétés noires, on rencontre quelques rares accidents de feuilles lisses, tels que dans la variété du mûrier dit *le moretty*, dont le fruit n'a pas toujours la même couleur, et dont la feuille tient par sa forme plutôt à la race blanche qu'à la noire, ils tiennent au mélange direct par la greffe du mûrier blanc de première race avec le mûrier noir, ce dernier superposé au blanc; et si, au contraire, on rencontre dans la race blanche le phéno-mène opposé, il tient à l'opération inverse. L'intelligence du naturaliste peut suivre la nature dans la formation des sous-variétés issues des diverses combinaisons de mélange par la greffe ou l'accouplement des sous-variétés entr'elles.

Le caractère distinct du mûrier mâle est de ne porter que des *chatons ou fleurs mâles*, dont les étamines sont destinées, par la nature, à la fécondation des fruits des mûriers femelles. On peut conjecturer, avec certitude, qu'avant le mélange des sexes sur la même tige, la feuille du *mûrier mâle* avait un caractère distinct de celle de la femelle. Il est bien rare de rencontrer un *mûrier mâle* sans que sa feuille soit plus ou moins échancrée ou lobée, et parmi les *mûriers bissexuels* on rencontre rarement des sujets dont toutes les feuilles soient sans échancrure. Il n'est point rare de voir sur un *mûrier bissexuel*, et sur le même jet, des feuilles rondes et des feuilles lobées; ce phéno-mène se reproduit souvent sur les mûriers dont les greffes, provenant *d'unisexuels femelles*, ont été apposées sur des mûriers *unisexuels mâles*, et tient probablement au rôle que la contexture du *mûrier mâle* joue dans le développement de la végétation d'un mûrier dont la tige appartient à un *sexe* et les branches à *l'autre*.

Il me paraît positif que dans le *mûrier femelle*, de race première, la feuille n'est jamais échancrée, et que les variétés qui se sont maintenues à cet état primitif sont celles sur lesquelles il ne s'est pas opéré de mélange de sexes, ou celles où le sexe femelle a dominé ; et dans cette hypothèse, la forme, l'épaisseur, la rudesse ou l'apparence luisante des feuilles tiennent au mélange, plus ou moins varié, des deux races de même sexe par la greffe ; la couleur même du fruit en dépend.

Dans le mélange des *races* par la greffe, on obtient souvent cette anomalie, des feuilles rudes et un fruit blanc, ou des feuilles lisses et luisantes et un fruit noir et purpurin. Ce phénomène tient à la superposition d'une race sur une autre, varie et se modifie selon que le développement d'une partie de l'arbre est disproportionné avec celui de l'autre partie. Ainsi, il n'est pas rare de voir un mûrier qui, dès le principe, fournissait des feuilles rudes et épaisses, en fournir de luisantes et de minces, lorsque le développement de ses branches au-dessus de la greffe dépassait en proportion celui de la tige et des racines, et le phénomène inverse produit, dans le même cas, par la superposition d'une race différente.

Les *mûriers bissexuels*, provenant, comme je l'ai dit plus haut, du mélange des deux *sexes* sur la même tige par l'accouplement ou la greffe, portent des fleurs monoïques et des fruits. La feuille est plus ou moins échancrée, suivant la proportion du mélange des sexes, ou plutôt suivant celle du développement ligneux de l'un ou de l'autre. Si le *sexe femelle* a été superposé au *mâle*, la feuille acquerra de plus en plus les qualités propres au *sexe femelle* au fur et à mesure du développement des branches, et la feuille se maintiendra dans son état primitif, si le développement des branches est, en tout, proportionné à celui des racines.

Parmi les variétés de mûriers *bissexuels blancs*, dont le nombre est proportionné aux opérations du mélange des sexes, qui, dans tous les pays, n'a pas été le même, je crois qu'on peut désigner comme type une variété que l'on rencontre abondamment dans le royaume de Naples, en Piémont, dans les Cévennes, et quelquefois dans nos contrées; cette variété est appelée dans les Cévennes la *fourcada*; sa feuille, lisse et d'un beau vert, est lobée en forme de fleur de lis; ce qui me la fait nommer le *bissexuel blanc fleurdelisé*.

Parmi les bissexuels noirs, je désignerai également comme type une variété qui se nomme dans les Cévennes la *rabalaïre*, et qui paraît avoir beaucoup de rapport avec la variété que M. de Bosc nomme la *reine bâtarde*; sa feuille a la forme exacte de celle du *bissexuel blanc*, à sa rudesse près. Je la nommerai le *bissexuel noir fleurdelisé*, et j'en ferai une plus ample description au *paragraphe de la nomenclature*.

Il est une chose bien remarquable, c'est qu'à mesure qu'on s'éloigne des contrées d'où le mûrier est originaire, les races s'appauvrissent, les variétés se multiplient, leurs subdivisions abondent, et je ne doute pas que le procédé

du semis , dans nos pays où les variétés abâtardies sont
déjà très-nombreuses , ne contribue puissamment à augmenter le nombre des sous-variétés ; et si le procédé de
la marcotte se répand , que ce procédé ne nous ramène
progressivement aux races premières , ou au moins à la
conservation des variétés issues du premier mélange ou
accouplement.

Les naturalistes et les écrivains sur les mûriers ne sont
pas bien d'accord sur la contrée où ce végétal eut son
berceau : peu de personnes se sont livrées là-dessus à des
investigations sérieuses ; presque tous , s'en tenant au plus
ou moins de vraisemblance des diverses traditions , et
cherchant dans l'histoire de nos incursions chevaleresques
en Asie , l'historique de ce végétal , ou de son introduction en Europe , ont donné là-dessus des renseignements
quelquefois vrais , et souvent des conjectures invraisem-
blables.

Les naturalistes surtout , dont les systèmes sont généralement adoptés , ont écrit à une époque où les mûriers
de race première , ou les premiers extraits de leurs races ,
tels que *le multicauly* , *le moretty* , *les mûriers de la Chine*
et *de la Cochinchine* n'étaient pas importés ; aucun de
ces quatre *unisexuels blancs ou noirs* ne peut se classer
dans *la monoëcie tétrandrie de Linnée* ou dans *les artocarpées
de De Candole* ; ils indiquent tous leur place dans les
urticées de Jussieu , qui , sans les décrire , avait deviné
ou indiqué qu'ils devaient exister. Le mûrier noir , que les
uns appellent le *mûrier Tartare* , d'autres *le mûrier d'Espagne* ou *mûrier des Dames* , dont la présence en Europe
remonte à des époques inconnues , est le seul mûrier de

race première qui ait été décrit positivement, et, dans certains cas, mal à propos classé dans la monoëcie de Linnée, puisqu'il est le plus souvent *unisexuel femelle*; dans cette variété noire type, les *bissexuels* étant extrêmement rares.

L'historique de l'introduction de ce végétal en Europe, n'est important à connaître qu'autant qu'il se rattache directement à la connaissance des races, et nous conduit graduellement, par l'appréciation des divers mélanges de races, vers les contrées dont il est originaire ; en observant attentivement la proportion de ces mélanges, dont le nombre augmente à mesure qu'on s'éloigne le plus des contrées dont il est originaire, on peut suivre l'historique de ce végétal, la formation des variétés, et remonter directement aux races premières, en parcourant le rebours de la route qu'il a faite pour arriver jusqu'à nous.

Il paraît positif que les deux races n'ont pas pris la même route pour arriver jusqu'à nous ; la *blanche* nous est venue par l'est et la *noire* par l'ouest. L'Espagne, et particulièrement le royaume de Grenade, paraît avoir été, pour l'Europe, le premier lieu où le mûrier noir fut implanté ; à partir de là pour arriver jusqu'à nous, les variétés perdent progressivement leur rudesse et leur épaisseur ; la rencontre, le contact, l'accouplement et le mariage des deux races, de ce côté, forment, par leur progression, une trace très-facile à suivre. Dans le Languedoc et la Provence, la grosse feuille, que l'on nomme dans les Cévennes la *pommaou*, nous donne le type du mélange des deux *races femelles*, la blanche superposée à la noire, et nous indique approximativement le lieu où les races se sont rencontrées à l'ouest, et où se fit le premier essai pour substituer la blanche à la noire. Ce mélange s'adoucit en arrivant jusqu'à nous, par la superposition de variétés blanches sur les variétés issues du premier mélange par la greffe ou par l'accouplement et le semis, et nous donne ce que nous appelons ici la *colomba* ou *reine blanche*, *unisexuel femelle* blanc, qui m'a paru avoir son berceau dans nos climats, et provenir de la combinaison des races par l'accouplement.

En prenant maintenant la route opposée, et nous dirigeant de nos contrées vers l'est, nous arrivons progressivement, en suivant cette progression de mélange, jusqu'à la Chine et les iles Philippines, où la race blanche primitive existe dans toute sa pureté, et nous trouvons à moitié route l'*unisexuel violet*, *appelé moretty*, produit par le mélange des deux races, opéré sur des mûriers femelles par la greffe, la noire superposée; et lorsque cette variété est provenue de l'accouplement des sexes, on rencontre le plus souvent le *bissexuel moretty*, dont le caractère distinct est d'avoir ses feuilles lobées sur les pousses latérales. La Sicile, à l'est, semble donc être le lieu où les deux races se sont rencontrées, et où fut superposée la noire à la blanche. L'Italie, et successivement le Piémont, en revenant vers nous, nous offrent l'adoucissement des mélanges, la feuille rose, qui est due à la superposition des premiers extraits du mélange des races sur la race première, ou à la fécondation des fleurs femelles de l'un de ces extraits par les fleurs mâles de l'autre. Cette progression à laquelle aucun auteur n'a songé, nous donne la mesure exacte des efforts humains pour substituer une race à l'autre, et de ceux de la Providence pour acclimater ce végétal par-

tout, et l'approprier à tous les sols et à tous les climats.
Remarquons ce mélange de races, qui, partant d'un climat
chaud, tel que le royaume de Grenade, détruit progressivement la race noire pour s'emparer de la blanche, qui
lui convient mieux ; et, de l'autre côté, la destruction de
la race blanche, à mesure que ce végétal se rapproche du
nord ; l'envahissement des climats tempérés par les variétés
issues du mélange, et perdant de plus en plus leur caractère primitif, à mesure que le climat exige la culture d'une
race plutôt que d'une autre. J'ai suivi avec attention cette
progression de mélange ; j'ai parcouru les contrées où elle
a eu lieu ; j'ai vu le mûrier blanc aux îles Philippines et à
l'embouchure de la rivière de Canton ; j'ai observé divers
extraits provenus de l'accouplement des races premières,
tels que le *mûrier* de *la Cochinchine*, que l'on a quelquefois confondu avec *le multicauly*, par rapport à sa facilité de
reprendre par bouture, mais dont le fruit violet et la feuille
ressemblent parfaitement à celle du *moretty*, et qui m'a
paru provenir de la fécondation des fleurs de l'unisexuel
blanc femelle, par les étamines des fleurs mâles de *l'unisexuel mâle noir*. Plusieurs expériences faites dans nos
climats sur la combinaison des races par la greffe, m'ayant
donné les mêmes résultats que ceux que j'avais observés
ailleurs, m'ont convaincu que je ne m'étais pas trompé sur
les effets du mélange des races et des sexes ; elles m'ont
convaincu également de l'importance du choix des races,
et des variétés issues du mélange pour chaque sol et chaque
climat. Ce mélange seul a permis la naturalisation de la
race blanche, dégénérée il est vrai, dans les climats un
peu au-dessous du tempéré, et cette race doit s'effacer au

fur et à mesure que les plantations se rapprochent de
pôles ou climats froids. Les variétés noires et violettes
mitigées doivent être préférées dans le nord, et celles blanches, également mitigées, doivent peupler les régions
chaudes ; le médium du mélange est propre aux climats
tempérés. La richesse ou la pauvreté du sol jouent encore
un grand rôle dans la détermination du choix, par rapport
aux qualités bonnes ou pernicieuses des mêmes variétés
dans des climats ou des sols différents.

§ II.

Nomenclature et description.

Race blanche.

Le multicauly unisexuel blanc femelle. Ce mûrier, qui
est le type de la race blanche primitive, et qui nous est
venu des îles Philippines, m'a paru, pour nos contrées,
doué d'une organisation trop délicate ; son écorce très-
mince est peu ligneuse ; sa moëlle, très-grosse, augmente
encore la difficulté de l'acclimater. Nous ne possédons pas,
dans nos contrées, le mâle de cette belle race ; sa multiplication par bouture a maintenu la femelle que nous possédons à son état de race première. Si notre climat lui per-
mettait le développement de son fruit, il est bien certain
que le semis le naturaliserait ; bien que nous n'ayons pas

le mâle de cette belle race, les étamines de nos variétés blanches suffiraient à la fécondation de ses graines. Le seul moyen d'en tirer parti sera donc de le marier en lui superposant la race noire, et, pour cela, il convient de procéder avec méthode, en commençant par les variétés qui se rapprochent le plus des races premières.

La feuille du *multicauly* femelle est très-large et longue, cordiforme ; sa contexture est très-délicate et très-peu filandreuse, bosselée, et son extrémité inclinant verticalement vers le sol. Celle du mâle, dont l'apparence n'a pas séduit nos importateurs, est, à ses échancrures près, aussi grande que celle de la femelle ; elle est douée d'une contexture plus forte, et aurait, j'en suis sûr, rendu plus de services à l'agriculture que celle de la femelle. Ce mûrier, qui se cultive dans les iles Philippines à grand vent ou en arbuste, est aussi généralement répandu dans l'Inde ; j'en ai vu une grande quantité à l'embouchure de la rivière de Canton. Je ne pense pas que nous puissions jamais, dans nos contrées, lui conserver son état de race première.

Diverses importations ont été faites de cette race ou de ses premiers extraits. Leurs importateurs leur ont donné divers noms : mûrier de la Chine, de la Cochinchine, etc. C'est toujours la race blanche ou ses extraits provenus du mélange avec la noire, avec de légères variantes tenant au sol ou au climat, ou peut-être à quelques combinaisons ligneuses. En attendant que quelques heureuses découvertes ou alliances aient rendu le *multicauly* propre à nos climats, et nous permettent de le cultiver à grand vent, je ne crois pas qu'il puisse servir à autre chose qu'à satisfaire notre curiosité ou à quelques petites expériences. Les climats les plus chauds de France peuvent obtenir quelques succès avec un sol humide, mais ces succès, s'ils ont lieu, ne seront que passagers ; un hiver rigoureux suffira pour détruire les espérances de cinq ou six années.

La superposition d'une greffe de race noire, sur une tige de *multicauly*, m'a donné des extraits ressemblant beaucoup au *moretty* et au mûrier de la Cochinchine ; ces extraits ont produit quelques fruits variant du rose au violet foncé. Leurs feuilles sont belles, moins longues que celles du *multicauly*, moins rudes que celles du *mûrier noir*, et plus épaisses et mieux constituées que celles du *multicauly*. Je recommande aux hommes de progrès la multiplication de ces essais, qui, faits avec intelligence, pourront, après plusieurs mélanges successifs de races, nous permettre de cultiver le *multicauly* comme les autres, et de doter l'agriculture de cette belle race première, peut-être même de nous procurer quelques variétés plus belles et préférables. Au chapitre 7, j'indiquerai la manière de procéder.

Toutes les variétés blanches que nous possédons, ne sont que des extraits du mélange des races où la blanche a prévalu, et la contexture du bois et des feuilles de ces variétés tient le milieu entre celle de la blanche et celle de la noire. Le plus beau est sans contredit le *mûrier blanc* d'Espagne, appelé aussi *mûrier à flocs*.

Le *mûrier à flocs* ou d'*Espagne, unisexuel femelle blanc.* Cette variété est le produit du premier mélange des deux races par la greffe, la blanche superposée. Son fruit est blanc, sa feuille est large, épaisse, cordiforme, d'un vert foncé et bosselée ; elle est plutôt ronde que longue , très-juteuse dans les sols riches ; elle convient aux climats chauds et aux sols peu substantiels ; son bois est d'un gris cendré dans les nouvelles pousses, qui sont couvertes de petites tiquetures blanches ; son nom de *mûrier à flocs* lui vient de deux feuilles de moyenne dimension , qui se développent ordinairement au-dessous de la première et a la racine de sa pétiole , et semblent lui faire deux satellites. Cette variété perd beaucoup de ses qualités dans les climats froids.

Le mûrier romain, unisexuel blanc femelle. Cette variété diffère peu de la précédente , soit par la forme et la dimension des feuilles, soit par la contexture de son bois ; elle paraît provenir de la superposition de la race *blanche femelle* à une variété *violette* , et elle peut être considérée comme une sous-variété de la précédente ; sa feuille très–grande , mais sans satellites ou flocs , commence à perdre la rudesse propre à la race noire. Cette combinaison ne lui donne pas une qualité meilleure. Comme la précédente, elle est propre aux climats chauds et aux sols peu substantiels ; sa culture , dans nos sols riches et humides , ne serait pas avantageuse. Cette variété se trouve très-répandue dans le midi de la France , dans la Romanie , aux environs de Naples et sur les deux versants des Pyrénées; dans les Cévennes elle s'appelle la *Pommasie.* Je conseille fort à nos planteurs qui ne posséderont pas des expositions sèches et chaudes de la laisser loin de nos plantations. Il est fâcheux que les pépiniéristes du midi en inondent nos contrées. J'ai de fortes raisons de penser que l'abondance de son parenchyme est une des principales causes de l'envahissement de la *Muscardine* dans les pays qui sont peuplés de cette variété.

Le mûrier de Constantinople, ou mûrier parasol unisexuel femelle blanc. Cette variété dont l'origine tient à une sub-division des variétés précédentes, paraît, par la proportion du mélange des races, offrir une très-heureuse combinaison. Sa feuille, d'une dimension moindre que celle des variétés précédentes, est cordiforme, lisse des deux côtés, d'un vert moins foncé, courte et fortement pétiolée, terminée par une pointe, taillée à dents de scie très-régulières; ses bourgeons sont très-rapprochés et forment des touffes; son bois est d'un gris presque cendré blanc tiqueté de jaune sur les nouvelles pousses; son fruit est d'un beau blanc, clair semé et mûrit rarement. La nature semble l'avoir destinée à la culture de deuxième classe dans les climats tempérés; ses branches préfèrent la direction horisontale, et bien souvent se dirigent vers le sol ou probablement elles trouvent à humer les sucs qui conviennent à sa végétation. Cette tendance des branches à se diriger vers la terre lui a fait, dans nos pays, donner le nom de *mûrier parasol*; il vient bien partout où le raisin peut acquérir sa maturité; son accroissement est très-rapide lorsque sa tige est peu élevée. Il est fâcheux que cette variété soit peu répandue.

Il existe encore plusieurs variétés blanches *unisexuels femelles*, qui paraissent plutôt provenir de l'accouplement des sexes que du mélange des races par la greffe. Le semis a joué un grand rôle dans la subdivision des variétés. La plus belle de ces sous-variétés est sans contredit celle qu'on appelle la *Reine blanche* ou *Colomba*.

La Reine blanche ou Colomba. Sa feuille, d'un beau vert, est luisante et lisse des deux côtés; elle est ferme quoique mince; elle est aussi cordiforme, mais plus alongée que les variétés précédentes; son bois ne présente pas tout à fait le même aspect que celui des grosses variétés blanches; son fruit est moins gros et d'un blanc cendré; ses bourgeons sont plus éloignés, mais ses pousses, plus longues que dans les autres variétés, peuvent donner le même produit; sa couleur est plus foncée et moins tiquetée; ses tiquetures sont d'un gris cendré.

Les auteurs qui ont connu cette variété l'ont recommandée comme éminemment soyeuse; je me joints à eux pour engager nos planteurs à lui assigner un rang distingué dans nos plantations, et à la multiplier dans les sols riches et propres à la culture de première classe. Tous les sujets que je possède de cette variété sont doués d'une vigoureuse organisation. Les vers à soie s'en nourrissent avec avidité. Le semis de la graine de cette variété a probablement fourni la variété ci-après.

La petite Reine ou Colombasette, unisexuel blanc femelle. Cette variété, dont les caractères sont absolument semblables à ceux de la précédente, et qui ne diffère de l'autre que par la dimension de sa feuille, qui est plus petite d'un tiers, possède toutes les qualités soyeuses et toute la vigueur de végétation de la *Colomba.* Dans les bons sols sa culture se recommande éminemment. La multitude et la longueur de ses pousses compensent la dimension de ses feuilles. Cette dimension augmente beaucoup en la superposant à la race blanche première, mais je ne crois pas que cela augmente sa vigueur et sa qualité. Les sujets que

j'ai obtenus par ce procédé donnent de grandes feuilles ,
mais l'accroissement des sujets est en raison inverse de
l'accroissement des feuilles. Je conseille fortement de lui
conserver sa qualité primitive ; cette variété est très-propre
à la culture du mûrier de deuxième classe dans les climats
chauds , tempérés et même dans les climats froids.

Il existe encore plusieurs sous–variétés dans la race
blanche ; elles sont le produit des caprices du semis ; en
général , elles diffèrent peu de ces deux dernières , et leurs
qualités sont à peu près semblables. Le planteur intelligent
trouvera sans doute , parmi les sujets provenus de semis , des
variétés nouvelles , peut-être aussi bonnes ou meilleures que
celles ci-dessus décrites , mais ces accidents de variétés *unisexuels femelles* sont très-rares ; l'accouplement produit presque toujours le mûrier *monoïque ou bissexuel* à feuilles plus
ou moins lobées , ou le mûrier mâle aux feuilles lobées ou
digitées ; rarement le sexe femelle prévaut par l'accouplement. La greffe , comme l'accouplement , produit des *bissexuels* , mais dans cette opération la feuille prendra la
forme propre au sexe superposé à l'autre , et y conservera
les caractères distincts de la variété à laquelle elle appartient , en raison directe de la proportion du développement
de la partie de l'arbre propre à chaque sexe.

Des bissexuels ou hermaphodites blancs.

Chaque race a ses variétés et sous-variétés de *bissexuels* ;
la forme et la grandeur de leurs feuilles diffèrent suivant la
variété dont ils sont issus , et diminuent progressivement de

volume à mesure que les mélanges et subdivisions s'éloignent le plus des races primitives. Dans les *bissexuels* blancs ou noirs, la feuille n'est pas échancrée lorsque le mélange des sexes s'est opéré par la greffe, parceque la forme de la feuille femelle a été préférée et superposée à l'autre ; mais dans ceux provenus de l'accouplement, elle tient souvent aux deux sexes ; elle est ou a demi-lobée, ou tout-à-fait lobée, et quelquefois digitée, ou bien il y a les caractères distincts des deux sexes sur la même branche, des feuilles rondes et d'autres lobées ou digitées.

Dans les *bissexuels* produits par la greffe, la fleur et le fruit se développent différemment que dans ceux provenus du semis. Dans les premiers, la fleur et le fruit ne font qu'un ; la mûre, au moment de sa naissance, est entourée de petites fleurs monoïques qui disparaissent après avoir fécondé les ovaires des fleurs femelles à mesure que la mûre s'approche de sa maturité ; dans les seconds, le chaton surgit le premier et la mûre se forme ou à côté ou sur le talon de la pétiole du chaton ; l'un est muni de fleurs mâles, telles que je les ai décrites au § 1er, et l'autre (la mûre) de fleurs femelles aussi nombreuses que la grappe a de petites graines ou baies. Dans ces dernières variétés les fruits sont peu nombreux et mûrissent rarement.

Le nombre des *bissexuels* est considérable dans notre département ; le procédé du semis et celui de la greffe étant très-répandus chez nous, et ce dernier s'opérant sans distinction de sexe, et n'ayant, chez la plupart de nos planteurs, pour cause que la préférence généralement donnée à la feuille femelle, il en résulte des combinaisons de hasard, quelquefois bonnes, souvent mauvaises, mais compliquant toujours la dégénérescence des races et des sexes, et secondant merveilleusement l'extension des mûriers *bis-sexuels*. Nos greffeurs prennent indifféremment des greffes sur des *femelles* ou sur des *bissexuels*, les superposent à des *mâles* ou à des *bissexuels blancs*, *viollets ou noirs*; il en résulte ou des mélanges de hasard ou des combinaisons bizarres, ou des variétés nouvelles, rarement le retour vers les races premières, au contraire le développement de nouveaux *bissexuels* plus ou moins dominés par un sexe ou par l'autre.

Parmi les *bissexuels blancs*, plusieurs variétés se sont maintenues à leur état de *médium* entre les deux sexes, et ont résisté à cette lutte des deux sexes, secondée par la préférence généralement accordée au *sexe femelle*. La plus belle est celle appelée dans les Cévennes la *Fourcada*. Je l'appellerai *le bissexuel blanc fleurdelisé*.

La feuille de cette variété, dont la forme a décidé la nomenclature, est longue, lisse des deux côtés, de grande dimension, d'un beau vert; elle a une embranchure de chaque côté qui la divise en trois lobes; le lobe du centre extrême a la forme exacte d'une lance, et l'ensemble de la feuille celle d'une fleur de lis. Il produit des fleurs mâles et des fruits comme tous les bissexuels provenus du semis; ces fruits naissent dans quelques sujets à côté des fleurs, et dans d'autres succèdent et font suite au chaton, mûrissent rarement et sont peu nombreux; ses pousses sont très-vigoureuses; ses bourgeons plus éloignés que ceux des grosses variétés femelles blanches; l'écorce des jets nouveaux est d'un gris foncé et peu tiquetée; la qualité de sa feuille est parfaite, et c'est une des variétés dont la culture doit le plus se propager dans nos pays. Toutes les classes de sols et de climats lui conviennent. Les climats chauds et les sols riches donneront à sa feuille une dimension prodigieuse et à sa végétation un grand développement ; ce devrait être, avec les extraits de la race *noire*, *violette* ou *rose*, la *Colomba* ou *Colombasette* et le *mûrier de Constantinople*, les seules qui peuplassent nos sols gras et humides de la vallée de Graisivaudan.

Quant aux *bissexuels* provenus du semis s'éloignant plus ou moins du juste mélange des deux sexes (et cette proportion de mélange se reconnaît au plus ou moins d'échancrures de la feuille, dont le nombre augmente à mesure que la variété se rapproche le plus du sexe *mâle*, et qui diminue dans le cas contraire), je n'ai pas pensé devoir en faire une nomenclature par rapport à la difficulté de classer les innombrables accidents provenant du mélange des sexes par l'accouplement. L'intelligence doit y suppléer.

Parmi les *bissexuels* à feuilles rondes, une nomenclature et une description sont inutiles. Quand, par le procédé de la greffe, on aura sur un mâle blanc superposé une variété femelle de même race, il en résultera un *bissexuel* qui devra prendre le nom de la variété à laquelle il appartient, *bissexuel Colomba*, *bissexuel de Constantinople*, etc.

Du mâle blanc.

Le type mâle de cette race se trouve aux Philippines, dans l'Inde et en Chine. Il n'est autre que le *multicauly à chaton*. Aux environs de Manille, il se cultive indifférem-

ment à grand vent ou en arbuste ; sa feuille, dont la dimension est prodigieuse, est fortement échancrée, lisse
des deux côtés, d'une contexture plus vigoureuse que
celle de la femelle. Il porte des chatons de couleur jaune
canari ; son bois est semblable à celui de la femelle. Cette
belle race, mâle ou femelle, s'est maintenue aux Philippines dans toute sa pureté ; le procédé de la greffe ou du
semis y étant remplacé par celui de la bouture, elle n'a
subi aucune altération. Il est fâcheux que l'importation du
mâle n'ait pas eu lieu : il eût pu, si notre climat lui eut
permis le développement de ses chatons, contribuer à l'a-
mélioration de nos variétés blanches par l'accouplement.

Nous ne possédons que des variétés abâtardies de *mâle
blanc* ; la plus belle que j'aie vue en Europe, se trouve dans
le royaume de Naples ; ceux qui la possèdent en font un
grand cas. Quoique ses feuilles ne soient qu'un diminutif
de la race première, elles sont passablement grandes et
surtout considérées comme éminemment soyeuses ; elles
m'ont paru, par leur forme, de jolies copies en petit de la
race première, également vertes, luisantes, souples, à
contexture ferme, et ayant, à tous égards, conservé le caractère primitif. Dans notre département nous ne possédons
point de *mâles blancs* purs ; il y a dans tous nos mûriers
mâles les caractères bien prononcés des deux races ; la
noire y domine généralement. Cette combinaison n'est pas
du tout contraire à la qualité de nos graines de mûriers,
elles n'en sont que plus propres aux semis des régions
froides. Je pense que nous avons tort de ne pas essayer la
différence de qualité de la feuille du mâle avec celle de la
femelle. La préférence accordée à la feuille femelle n'est

8

justifiée que par sa forme et sa dimension , et n'est pas fort raisonnable. Il serait à souhaiter qu'une plantation de mâles purs vint établir entre les deux sexes la différence précise des qualités. Ce serait un éminent service à rendre à l'agriculture.

§ III.

Suite de la nomenclature.

Race noire.

Le mûrier noir ou mûrier Tartare , unisexuel femelle noir. Ce mûrier, dont j'ai déjà parlé dans le § 1er de ce chapitre, est sans contredit le type des femelles noires. Les caractères qui le distinguent sont la rudesse de sa feuille qui , d'ailleurs , est cordiforme, d'un vert foncé, dessus lanugineuse, d'une apparence blanche cendrée dessous, bosselée entre les nervures. Son fruit qui est très-gros et d'un beau noir , porte chez nous le nom de *mûre d'Espagne* ou *mûre Madame.* Sa partie ligneuse est très-fortement constituée , ses embranchements très-rapprochés , ses pousses peu longues , mais très-vigoureuses. L'absorption aérienne paraît jouer chez lui le plus grand rôle. La couleur de son écorce est d'un gris foncé , avec des tiquetures vertes sur les nouvelles pousses.

Nous possédons très-peu de sujets de cette race première. La rudesse de sa feuille l'a fait considérer chez nous comme impropre à la nourriture du ver à soie. Cette appréhension est une erreur, car, dans le nord de la Chine et dans l'Inde, il est très-répandu. Dans les versants nord des montagnes du royaume de Grenade, c'est, avec les premiers extraits de sa race combinés avec la blanche, le seul mûrier qu'on y rencontre. La soie qu'il produit n'a peut-être pas la finesse de celle produite par le mûrier blanc, mais les vers qui sont nourris de cette feuille sont plus gros, plus vigoureux que les autres nourris de la feuille des variétés blanches. Et je ne doute pas que la soie forte et moins fine ne devienne un jour, pour la France, un objet d'utilité qui lui rendra autant de services que la soie fine destinée à la fabrication des objets de luxe. Nos climats se prêtent merveilleusement à la culture du mûrier noir.

Le *mâle* de cette race est très-peu répandu ; je n'en ai vu qu'un en Espagne, que l'on y cultive, je crois, par curiosité ; en Sicile, dans le royaume de Naples, en Piémont et en France, malgré mes recherches, je n'ai pu le rencontrer nulle part. La raison en est simple : sa feuille digitée extraordinairement, d'une grande rudesse, composée presque entièrement de nervures, n'a pas paru bonne ou susceptible d'être utilisée, elle est d'un vert noir, velue, parenchimateuse et lanugineuse ; ses chatons sont longs et d'un jaune verdâtre. Les variétés de *mâles noirs*, que nous obtenons par le semis, dérivent certainement du type de la race dont ils ne sont qu'un diminutif, et leurs feuilles, digitées en forme de feuilles de persil, sont en petit la copie exacte du *mâle noir type*. La superposition par la greffe d'une variété blanche à ces produits du semis, donne des *bissexuels* très-propres aux climats froids, pourvu que la variété superposée ne se rapproche pas trop de la race primitive.

Le Moretty , unisexuel violet femelle. Ce mûrier que je considère dans sa race comme le pendant du mûrier à flocs d'Espagne , offre le premier extrait du mélange des races, sexe femelle, la noire superposée ; sa feuille est grande , cordiforme, terminée par une pointe aigüe , d'un vert foncé, lisse d'un côté, rude et âpre au toucher , moins épaisse que celle des premières variétés produites par la superposition de la race blanche à la noire ; ses pousses sont vigoureuses et longues, et conservent le caractère propre à la race blanche primitive ; leur couleur est légèrement plus foncée, les nœuds un peu plus distants que dans les variétés blanches ; son fruit , à peu près gros comme celui du *mûrier à flocs*, est, quand il est mûr, d'un violet foncé ; sa feuille est lobée quelquefois sur les pousses latérales, lorsqu'il provient du semis.

Nos pépiniéristes ont trouvé, dans le *moretty*, deux variétés. En effet, l'une a le bois d'un brun foncé , et l'autre d'une couleur gris cendré; les feuilles de l'un , d'un vert plus prononcé que l'autre. Ce phénomène qui tient à la proportion du mélange des races par l'accouplement , a fait donner à une variété le nom de *mûrier moretty*, et à l'autre celui de *moretty élata.* C'est toujours le mûrier *moretty* où prédomine, dans l'une ou l'autre variété , la race blanche ou la noire. Et ce phénomène se reproduit toujours dans le semis des graines provenant d'un seul mûrier, ou *moretty pur* ou *moretty élata.*

Le *moretty* a l'inconvénient de produire beaucoup de fruits. Cette raison en a dégoûté les Italiens , et je suis

convaincu que, dans nos climats, cette même raison pourrait bien nous forcer à ne le cultiver qu'en mûriers nains
ou en haies.

Dans la superposition d'une race à l'autre, il se développe deux phénomènes inverses : la superposition de la
race blanche à la noire raccourcit les pousses, et l'opération inverse les allonge. Ce phénomène s'explique naturellement par la différence de contexture des racines dans
les deux races ; celles de la race noire se munissent de très-
peu de chevelure, et sont moins spongieuses que celles de
la blanche : il doit en résulter une moindre absorption de
fluide séveux, une ascension moins rapide et un développement moindre de pousses. Les organes aspiratoires, développés en moins grand nombre et moins rapidement, y
ont le temps d'acquérir cette maturité qui donne la rudesse.
L'aspiration des substances aériennes jouant chez les mûriers noirs un plus grand rôle que l'ascension du fluide séveux, il en résulte nécessairement des feuilles rudes,
des pousses courtes et bien nourries. Dans la superposition de la race noire à la blanche, l'inverse a lieu ;
les racines de la race blanche se munissent d'une grande
quantité de chevelure, l'abondance du fluide séveux qu'elles
transmettent à la partie supérieure, donne lieu au développement rapide des organes aspiratoires. Cette rapidité de
développement ne donne pas à la feuille le temps d'acquérir cette maturité qui donne la rudesse ; l'écorce, le bois,
les fibres, les tubes se forment sur une échelle longue,
délicate et peu nourrie. De là, la difficulté d'acclimater la
race blanche première, et la raison qui me fait conseiller
le semis de mûres noires pour les pays froids, ou l'alliance des deux races par la greffe.

Le mûrier de la Cochinchine, unisexuel violet femelle.
Cette variété diffère peu de la précédente ; elle semble être
le produit de la superposition du *moretty* sur la *race blanche
première*, ou de celle-ci sur le *moretty*. Sa feuille est aussi
grande que celle du *multicauly*, d'un vert foncé, plus ferme,
plus fortement pétiolée, inclinant également sa pointe vers
le sol, également bosselée et ayant, comme le *multicauly*,
l'inconvénient de se flétrir rapidement après avoir été détachée. Son bois a beaucoup de ressemblance avec celui du
moretty ; son fruit est d'un violet clair, ses pousses sont
longues, vigoureuses, craignent moins la gelée que le
multicauly, mais cependant, perdent, tous les hivers, la
pointe des pousses qui végètent jusqu'aux premiers gels,
et ne mûrissent pas. Beaucoup de personnes le confondent
avec le *multicauly* ; comme lui, il reprend très-bien par
bouture. Cette variété peu répandue, a besoin d'être expé-
rimentée pour être connue.

Le mûrier de la Virginie, unisexuel femelle amaranthe.
Ce mûrier qui me paraît être le troisième échelon du mélange ou de la superposition de la race noire à la blanche,
reprend, par ses feuilles, l'apparence de la race première, et,
par son fruit, se rapproche de la blanche. Sa feuille est
grande, oblongue et cordiforme, épaisse, lanugineuse et
rude ; son fruit est rouge amaranthe ou purpurin quand il
est mûr. Quoiqu'en disent quelques auteurs, sa culture
serait avantageuse dans les climats froids, et ses qualités
sont susceptibles d'amélioration.

Le semis nous a doté de quelques variétés d'*unisexuels
femelles noirs*, qui sont des diminutifs de la race première.
Un des plus remarquables et qui, dans sa race, fait pen-

dant à la *Colomba*, est un mûrier auquel je ne connais
aucun nom particulier dans nos contrées : je le nommerai
le petit Mûrier noir, unisexuel femelle. Ses feuilles sont de
moyenne dimension, d'un vert foncé, lisses dessus, rudes
et fermes, cordiformes, terminées par une courte pointe;
ses nervures très–saillantes. La végétation de cette variété
est tardive; son bois est, dans les pousses nouvelles, d'un
brun foncé; ses pousses sont longues; son fruit est très–
noir; quelquefois, si le sujet est malade, son fruit est purpurin. Les vers à soie sont friands de sa feuille. Cette variété doit être préférée à toute autre dans les localités qui
sont exposées aux gelées du printemps. Je pense que si ce
n'est pas la même que l'on nomme dans les Cévennes la
Rabalaïre, elle doit avoir, avec cette variété, beaucoup
d'analogie.

Le Mûrier rose, unisexuel femelle gris. Cette variété qui est le
produit de la superposition d'une variété violette à la race
blanche première, est une très-heureuse combinaison. C'est
un pas de plus que dans le *moretty* au retour vers la race
blanche, le *médium* de la combinaison des deux races femelles. La végétation dans cette variété se rapproche un
peu du caractère de la race noire, néanmoins plus élancée.
Sa feuille est d'un beau vert, oblongue, terminée par une
pointe aiguë, très-peu lanugineuse et fortement résineuse;
le fruit est d'un gris violet, et acquiert dans nos contrées
une maturité parfaite. Sa feuille qui, dans les basses-cours
acquiert des qualités pernicieuses, est excellente dans les
localités où les engrais ne sont pas trop abondants. C'est
une des variétés à laquelle il convient de donner le plus
d'extension dans les lieux tempérés de notre département,

principalement dans les versants bien exposés de nos montagnes.

Il existe encore quelques variétés d'unisexuels dérivant de la race noire combinée avec la blanche, soit par la greffe, soit par l'accouplement; elles diffèrent peu entr'elles; toujours les mêmes effets se reproduisent avec quelques légères variantes qui tiennent à la proportion du mélange. Je n'en connais pas une qui possède un caractère assez distinct pour lui valoir une description.

Il me reste à décrire les *bissexuels* noirs et les sous-variétés qui en dérivent. Dans cette race, les bissexuels à feuilles rondes m'ont paru beaucoup plus rares; cela tient probablement au caractère particulier du mâle noir dont les feuilles sont singulièrement digitées. La plus belle variété de bissexuels noirs, est celle ci-après :

La Reine-Bâtarde ou *mûrier de Toscane*, *bissexuel noir fleurdelisé*. Cette variété qui me paraît être le résultat du premier mélange des sexes dans sa race, par la greffe, produit de très-belles feuilles comme celles du bissexuel blanc, ayant également la forme d'une fleur de lys. Leur couleur est d'un vert foncé très-luisant; elles sont lisses d'un côté, fermes et paraissent très-soyeuses; ses pousses sont vigoureuses et longues, de couleur brun foncé; le fruit en est très-noir, fait suite au chaton et se trouve peu nombreux. Cette variété, douée d'une organisation forte, m'a paru devoir se propager dans les pays au-dessous du tempéré. Il en existe une grande quantité dans toutes les localités fraîches des montagnes de la Sicile, de la Toscane, du Tyrol, et dans les parties élevées des Pyrénées où se cultive le mûrier.

Les sous-variétés du *noir* au *gris violet* sont, dans les *bissexuels*, très-nombreuses ; elles varient également de forme, et les feuilles de dimension, à mesure que la combinaison des mélanges les éloigne le plus des races premières. Ainsi, à mesure que le sexe mâle s'efface par la suite des superpositions du sexe femelle qui, dans cette race comme dans l'autre, a été préféré, les qualités propres au sexe femelle se développent et grandissent ; les feuilles deviennent rondes et les fruits plus nombreux.

La sous-variété de bissexuels, dont la description peut servir à celles de toutes les autres, qui ont avec elle plus ou moins de ressemblance, est celle qui est la plus généralement répandue chez nous, et qui paraît provenir autant du semis que de la greffe. Son fruit varie du gris au violet ; sa feuille a le caractère de la femelle ; je ne lui connais pas un nom particulier, aussi je l'appellerai le *bissexuel gris*.

Sa feuille, d'une dimension moindre que celle du mûrier rose, précédemment décrit, en a, en tout, la forme et la couleur ; son bois a la même apparence ; ses feuilles sont faiblement pétiolées, oblongues, cordiformes ; leur qualité est aussi bonne que celle de la *colomba* et de la *rose*, et cela doit lui assigner une vaste place dans nos plantations de première classe ; elle est supérieure, pour les sols riches à expositions fraîches, à la *colomba* et à toutes les variétés blanches. Cette variété est très-répandue dans le Piémont ; les personnes qui possèdent des terrains propres à la culture du chanvre, devront joindre cette variété à la *rose*, à la *colomba* et à la *colombasette*.

Une plus longue nomenclature deviendrait, sinon impossible, du moins inutile, quelles que soient les légères différences qui doivent exister entre les diverses variétés issues de chaque race ; cette différence n'est pas assez grande pour leur constituer un caractère distinct et leur valoir une description et une nomenclature particulières. Chaque planteur saura reconnaître les variétés que j'ai décrites, et ranger avec elles les sous-variétés qui offriront les principaux caractères de ces variétés, bien qu'elles eussent avec la variété type quelque légère différence dans la forme ou la dimension des feuilles. Pour donner une nomenclature exacte et une classification de tous les sujets provenus des caprices du semis ou de la greffe, un ouvrage encyclopédique ne suffirait pas, et la description faite aujourd'hui serait à refaire demain, chaque semis et chaque alliance par la greffe offrant de nouveaux accidents à décrire.

§ IV.

Du choix des variétés pour chaque sol et chaque climat.

Dans les paragraphes précédents, j'ai bien indiqué sommairement les variétés propres à chaque sol, mais j'ai fait cette indication sans en déduire les motifs. J'ai interdit la culture des grosses variétés blanches dans les sols riches ; voici pourquoi : la feuille de ces variétés pourrait, dans les sols où les sucs abondent, acquérir des qualités pernicieuses. L'épaisseur des feuilles et la distance de leurs épidermes annoncent abondance de *parenchyme* et de

substances aqueuses , et rareté de sucs gommo-résineux.
Cette qualité me la fait conseiller de préférence aux climats
chauds et aux sols peu substantiels ; d'une part , dans ces
localités le fluide séveux , peu abondant , formera des
feuilles moins parenchymateuses , et de l'autre , la chaleur
du climat épuisera le parenchyme par la transpiration ou
évaporation continuelle , les sucs gommo-résineux y acquerront plus de développement , la feuille sera moins
grande , moins épaisse , mais elle sera plus digestive et
contiendra plus de principes soyeux. Les qualités pernicieuses des grosses variétés blanches augmentent en raison
directe de la richesse du sol et de la fraîcheur du climat ;
cette raison me fait conseiller , dans les sols riches et
climats tempérés , la culture des variétés fines. Ces variétés
ne contiennent presque pas de parenchyme ; leurs feuilles
y acquerront toute la dimension dont elles sont susceptibles , sans y acquérir des qualités pernicieuses.

La préférence que je donne aux variétés issues de la
race noire pour les régions au-dessous du tempéré , s'explique d'elle-même : l'organisation propre à cette race , sa
contexture plus ferme , me l'a fait regarder comme plus
robuste , et voici une remarque qui n'a échappé à personne : les fruits de la race noire acquièrent partout une
maturité parfaite , tandis que la plupart de ceux de la race
blanche n'acquièrent , dans les climats même tempérés ,
qu'une maturité imparfaite , encore faut-il qu'ils appartiennent à une des variétés blanches qui s'éloignent le
plus des races primitives. Cette raison est péremptoire ;
l'indication que la nature nous donne est précise. La nature
seule ne faillit jamais.

Dans les divisions que j'ai faites précédemment des diverses classes de mûriers, j'ai indiqué les sols et les climats qui conviennent à la culture de chaque classe ; j'indiquerai donc seulement ici les variétés de mûriers qui conviennent à la culture de chacune de ces classes.

Dans la première, seront comprises les variétés appelées ici le *mûrier de Constantinople*, à la condition de ne pas trop élever sa tige ; la *colomba*, la *colombasette*, tous les *bissexuels blancs*, pourvu qu'ils n'appartiennent pas aux grosses variétés ; le *mûrier rose*, le *bissexuel noir fleur-delisé*, le *petit noir unisexuel*, tous les *bissexuels* dépendants de la race noire et le *bissexuel gris*.

Dans la deuxième classe, qui se divise en deux sections, on cultivera dans la *première*, aux sols peu substantiels et climats chauds, le *mûrier de Constantinople*, les *grosses variétés blanches*, le *moretty*, les premiers types *bissexuels blancs* ou *noirs*, la variété *rose* ou *violette*, et en général toutes les variétés dont la dimension naturelle des feuilles compense l'aridité du sol.

Dans la deuxième section de la deuxième classe de mûriers, aux sols riches et climats frais, on cultivera les *bissexuels noirs* ou *blancs*, les *noirs* préférés, les *variétés femelles rose* ou *viollette*, la *colomba* et *colombasette*. Les mêmes règles sont applicables aux troisième et quatrième classes de mûriers, et la qualité et le choix des variétés doivent suivre les variantes de l'atmosphère. En règle générale, la race noire doit s'effacer à mesure que nous marchons vers l'équateur, et la blanche s'affaiblir et disparaître à mesure que les plantations marchent vers les pôles ou régions froides.

Dans le département de l'Isère , où tous les sols et tous les climats peuvent se rencontrer en un jour , toutes les cultures peuvent y avoir lieu. Il semble que la Providence l'appele à donner l'exemple aux régions les plus froides et aux climats les plus chauds. Le zèle éclairé de nos hauts fonctionnaires peut y rendre de très-grands services à l'agriculture , et doter de cette précieuse industrie les localités que l'on a , à tort , considérées jusqu'à présent comme impropres à la culture du mûrier. Le retour progressif vers la race noire peut devenir , pour les régions froides , un dédommagement de la longue proscription qu'elles ont subie sous ce rapport. Il conviendrait de faire là-dessus des essais, de porter à ceux qui l'ignorent cette intéressante culture , de créer des établissements où l'on enseignât la théorie et la pratique de cette branche d'industrie.

Une surveillance bien entendue , dirigée par nos comices agricoles , donnerait à ces établissements une couleur nationale , un intérêt local qui serait d'un très-heureux effet. Tous ces moyens peuvent donner une extension incroyable à cette industrie ; espérons que nos hauts fonctionnaires tourneront de ce côté leurs sollicitudes et leurs vues éclairées.

CHAPITRE VII.

§ Ier

Observations générales.

L'opération de la greffe est généralement connue ; le plus ignorant agriculteur de nos contrées peut là-dessus se donner pour maître. La manière d'opérer n'est donc pas ce qu'il importe de connaître ; ce n'est pas là où doit se trouver la science du cultivateur de mûriers. Ce qu'il importe le plus dé démontrer, c'est l'opportunité de l'opération, les époques les plus convenables pour la faire, les cas où il y a avantage de greffer ou ne pas greffer, le choix des variétés, l'étude des combinaisons de races ou de sexes, les rapports de contexture entre une variété et l'autre ; en un mot, les conditions d'harmonie d'organisation ligneuse qui peuvent, dans la superposition d'une variété sur une autre, être, pour l'avenir de l'arbre, une cause de prospérité ou de décadence, de mort prématurée ou de longévité.

Le premier besoin de l'existence animale ou végétale, est l'harmonie d'organisation ; dans toutes les parties qui composent l'être ou le végétal , tout doit être construit sur un même plan général, dont les subdivisions, dépen- dant les unes des autres , doivent avoir entr'elles des rapports semblables ; cette condition d'harmonie d'orga- nisation est indispensable à la vie ; et dans les mûriers comme dans les autres végétaux , il est de la plus grande importance de ne pas s'écarter de cette règle.

Toutes les variétés , tous les sujets de mûriers ne sont pas doués de la même organisation , ou du moins la con- texture de tous les arbres en général , n'est pas partout construite sur la même échelle ; le sol , le climat influent beaucoup sur cette différence qui se complique encore par les variantes provenant des races et des sexes , et qui sont rarement semblables dans chaque variété. Cette diffé- rence ne gît pas précisément dans les formes qui , dans les végétaux de même espèce, varient peu, mais dans les dimensions qui doivent leur dissemblance à la diversité des éléments de végétation qui ne sont pas partout identiques, à la forme particulière des organes destinés à fournir au végétal ses éléments de vie et d'accroissement.

Les rapports de contexture ligneuse une fois observés , ceux des variétés entr'elles deviennent très-importantes, surtout si l'on tient à posséder des mûriers *unisexuels*. Le mélange des sexes par la greffe produit des *bissexuels*. Je ne sais pas à quoi attribuer la préférence généralement accordée au *sexe femelle* ; rien ne semble la justifier que la forme de sa feuille , qui d'ailleurs est la même dans les bissexuels, lorsque le sexe femelle est superposé au mâle ; la qualité de la feuille femelle est-elle préférable ? c'est ce que je ne pense pas.

Les écrivains sur le mûrier ne sont pas bien d'accord sur l'emplacement de la greffe ; les uns préfèrent la greffe en pied, les autres conseillent la greffe en branche. L'emplacement de la greffe joue un grand rôle dans la prospérité ou la non réussite des mûriers ; cet emplacement doit encore être réglé par les sols et les climats.

La greffe en tige, près de terre, lorsque les rapports de contexture ligneuse ont été observés, devient très-avantageuse dans les climats chauds ; les sujets chez lesquels le hasard a rencontré de l'harmonie d'organisation entre la greffe et le pied de l'arbre, deviennent ordinairement très-beaux dans les pays où le sol et le climat permettent le développement complet de toutes les facultés dont la nature a doué ce végétal. Dans ce cas, les tubes, les fibres, les filaments se développent sur une grande échelle ; la tige et les branches sont munies d'une grande porosité ; aussi je ne pense pas que ce procédé soit avantageux dans les pays même tempérés. Les hivers rigoureux produisent sur les tiges poreuses de très-fâcheux effets ; souvent elles périssent dans nos climats, et la greffe en pied ne peut, selon moi, devenir avantageuse que dans les pays chauds, et, dans nos contrées, ne peut convenir qu'aux expositions bonnes, abritées des vents du nord, encore faut-il que la variété superposée par la greffe appartienne à celles qui s'éloignent le plus de la race blanche primitive.

La greffe en branche a un avantage qui, à mes yeux, compense largement le peu de temps que l'opération fait perdre au sujet : celui de connaître le sujet que l'on soumet à l'opération, et par conséquent de ne pas perdre des variétés souvent bien supérieures à celles que nous voulons

superposer ; une autre raison non moins concluante me la
fait préférer : ce mode de greffer met le propriétaire,
souvent trop avide du produit de ses plantations, dans
l'obligation d'attendre forcément trois ou quatre ans avant
de dépouiller ses jeunes mûriers, et cette circonstance,
qui est toute dans l'intérêt des planteurs, assure à l'arbre
des chances de succès, qu'un dépouillement de feuilles
prématuré détruit malheureusement trop souvent. Pour
les pays froids surtout, la greffe en branches est impérieusement commandée ; les tiges de sauvageons sont plus
robustes et résistent plus facilement aux hivers rigoureux ;
comme il arrive souvent que la partie superposée appartient
à la race blanche et aux variétés les plus délicates de
cette race, cette partie superposée périt quelquefois, et
si l'opération a été faite en tige, l'arbre est perdu, tandis
que si elle a été faite en branches, on peut renouveler
l'opération et choisir des variétés plus propres aux climats
froids.

L'époque la plus favorable pour greffer, est sans contredit le printemps. Le choix d'un beau jour, d'une
apparence de série de jours chauds, est indispensable ;
la pluie, ou une température froide après l'opération, peut
la faire manquer complètement ; la greffe, pour sa réussite,
a besoin d'une ascension non interrompue de fluide séveux, et par conséquent de chaleur, et la formation du
suc gommo-résineux ou *cambium* nécessaire au mariage
de l'écorce de la greffe avec celle du sujet greffé, ne
peut avoir lieu, s'il y a interruption d'ascension de sève,
ou si la pluie vient, après l'opération, détremper cette
gomme nécessaire à l'adhérence des deux écorces. Pour

que ces conditions indispensables à la réussite se rencontrent, il importe de ne pas trop se hâter. Les premiers
jours de printemps sont rarement beaux constamment. Les
transitions d'une température chaude à une froide sont
fréquentes, et c'est au hasard, rarement heureux, que
nous confions l'opération, lorsque nous la faisons de trop
bonne heure ; il convient donc d'attendre l'époque où la
chaleur de l'atmosphère, bien établie, nous permet de
ne plus craindre ces transitions fâcheuses ; depuis le commencement de mai jusqu'au milieu de juin, l'opération
est sûre ; mais alors il faut couper les pousses destinées
à nous fournir les greffes, aussitôt que leur végétation
commence, les enfouir complètement dans du sable frais,
dans une cave où la température soit peu élevée ; en s'y
prenant ainsi, on peut choisir son temps, et à moins de
mal procéder, il est bien rare de manquer une greffe.

Quelques planteurs greffent leurs mûriers à la Magde-
leine (en juillet) ; bien qu'il soit très-facile de réussir à
cette époque, elle m'a paru peu convenable ; les pousses
que l'on obtient n'ont pas assez de temps pour se mûrir,
elles sont encore en partie herbacées, lorsque les premiers
gels arrivent, et elles périssent souvent en totalité. Le courant de mai et le commencement de juin sont donc l'époque
la plus convenable.

L'abondance de sucs gommo-résineux que possède le
mûrier, a permis de lui appliquer toute espèce de méthodes pour greffer. Elles sont loin d'être toutes convenables ; la plus mauvaise est la greffe en fente, que
quelques jardiniers ont cru pouvoir appliquer aux mûriers,
comme aux poiriers ou pommiers ; ce procédé est une

faute immense, et les sujets qui y sont soumis sont frappés de mort, dès l'instant où le greffeur ignorant leur a introduit un ulcère dans le cœur. Leur végétation, pendant leur courte existence, est chétive, rabougrie, et une agonie, une mort lente termine cette sotte opération.

La greffe à flûte est préférable à toutes les autres, pour toutes les classes de mûriers ; sa simplicité, le peu de temps qu'elle exige, aurait dû faire exclure toute autre manière. Il faut autant de temps pour placer un seul écusson que pour placer cinq ou six flûtes ; malgré cela quelques jardiniers greffent encore à écusson. Cette dernière manière, outre l'inconvénient d'exiger plus de temps et de soins, a celui bien grave, pour les mûriers à haute tige, de ne former avec la branche où elle est apposée, qu'une adhérence imparfaite, de n'être, pour ainsi dire, que collée à côté, ce qui, par la suite, peut devenir très-dangereux pour les cueilleurs de feuilles, et de nombreux accidents viennent malheureusement toutes les années prouver la vérité de ce que j'avance.

La greffe à flûte, au contraire, enveloppe la branche tout entière ; elle forme avec elle une suite directe, et ne peut se détacher que par le bris total de la branche. Elle acquiert plus de vigueur, parce qu'elle prend sa nourriture tout le tour ; la branche reste vivante complètement, tandis que, dans la greffe à écusson, la partie de l'écorce de la branche opposée à l'écusson sèche, forme une parcelle de bois mort, qui sépare toujours sa greffe du bois du sujet greffé, et tôt ou tard cause la perte de la branche.

La greffe opérée au hasard, autant que l'accouplement des sexes, a amené la dégénérescence des races, et donne lieu à l'origine des bissexuels et à la complication des variétés. Ce serait une grande erreur de croire que la variété, superposée à une autre, conserve exactement le caractère primitif. Les sucs élaborés par la partie inférieure et fournis par elle à la supérieure, y amènent toujours, dans le développement de la végétation, des modifications singulières, se rapprochant plus ou moins de l'une ou de l'autre, ou tenant le milieu entre les deux, et ces bizarres créations du hasard nous donnent quelquefois des variétés dont la forme et l'apparence déroutent les plus habiles classificateurs. Il n'est pas rare de voir, par exemple, dans la superposition d'une variété femelle blanche à une variété mâle noire, des fruits violets, gris ou noirs, monoïques ou bissexuels, rarement les caractères distincts de la variété superposée, à moins que le sujet greffé, mal organisé dans sa partie inférieure, ou peu muni de racines, ne puisse envoyer les sucs propres à la variété dont il dépend à la partie superposée ; alors la partie supérieure, réduite pour ainsi dire à elle-même, cherchera dans l'atmosphère ses éléments de vie, et conservera son caractère distinct et bien prononcé jusques à ce que le développement des racines fasse prendre à la partie supérieure l'apparence du juste milieu entre les deux variétés mélangées.

Les sujets *unisexuels femelles* sont très-rares ; les mâles sont plus abondants. Les mûriers provenus du semis sont ordinairement monoïques ou bissexuels, et l'on peut établir la proportion des caprices du semis ainsi qu'il suit : cent mûriers provenus de semis donneront vingt mûriers unisexuels mâles, dix femelles, et soixante-dix mûriers monoïques ou bissexuels dont la feuille se rapprochera plus ou moins d'un sexe ou de l'autre, et dont le fruit sera entouré de fleurs monoïques, ou précédé de chatons ou fleurs mâles ; encore faut-il, pour obtenir, dans un semis de mûriers, la proportion ci-dessus, que la graine provienne d'un mûrier unisexuel femelle ; si elle provient d'un mûrier monoïque, il est bien possible que l'on ne rencontre dans un semis de six ou sept mille mûriers, pas un seul unisexuel femelle.

Lorsque le hasard nous dote de quelques sujets unisexuels mâle ou femelle à feuilles de grande dimension et sans échancrures, il faut bien se garder de changer leurs variétés en leur superposant une autre ; quelle que soit la beauté, la vigueur d'un mûrier greffé, elle n'est jamais à comparer à celle du sujet qui n'a pas été greffé. La supériorité de son organisation, l'harmonie parfaite qui existe entre toutes les parties de son être, sont pour lui des conditions sûres de prospérité et de durée.

La greffe faite avec intelligence peut nous ramener progressivement aux races premières, ou nous procurer des variétés améliorées. Le mélange des races peut créer des *métis* tenant le milieu entre les deux races, et ce mélange peut devenir une très-heureuse combinaison pour nos climats tempérés. On peut, après plusieurs superpositions progressives, plusieurs mélanges alternés de races, se procurer des variétés nouvelles, quelquefois bonnes, souvent médiocrement bonnes, quelquefois aussi pernicieuses ; mais, je le répète, ces expériences, que le hasard a faites partout, doivent être conduites avec intelligence ; et lorsqu'à la première ou seconde opération l'on a obtenu une variété dont l'apparence est satisfaisante, il faut s'en tenir là et changer de sujet, pour ne pas s'exposer à faire périr celui qu'on y a soumis, parce qu'il est bien rare d'être trois fois heureux dans la combinaison de l'organisation de chaque variété et dans les rapports de contexture ligneuse des diverses variétés.

La connaissance et le choix des variétés que l'on allie par la greffe, sont, à mon avis, des choses très-importantes; de ce choix dépendent la prospérité ou la décadence du sujet. La race noire et tous ses extraits sont doués d'une organisation ligneuse plus ferme que la race blanche. Sa porosité et sa capillarité plus serrée que celle de la blanche, lui donnent une végétation plus lente et plus tardive; et lorsqu'on la superpose à la race blanche, il faut, autant que possible, chercher un sujet dont l'organisation ligneuse soit en rapport avec la sienne. Les bissexuels à feuilles fleurdelisées, que j'ai décrits au chap. 6, et désignés sous le nom de bissexuels noirs ou gris, conviennent à la superposition des variétés qui se rapprochent de la race première. Quelques variétés de bissexuels blancs ou roses à contexture ferme sont également propres à recevoir cette superposition. En règle générale, la variété superposée doit être munie d'une organisation plus large, développée sur une plus grande échelle que celle qui reçoit la superposition. Si cette règle n'est pas observée, et que les sucs fournis par les racines, passant au travers de larges canaux, trouvent, en arrivant dans la partie où la contexture ligneuse se rétrécit, un obstacle à s'épancher, il s'ensuit un engorgement de sucs séveux dans la partie inférieure, stagnation forcée et retour vers les racines, et le développement inévitable de sucs pernicieux qui corrodent le cœur,

l'aubier, le liber et l'écorce, et font périr l'arbre, si ces
sucs ne trouvent pas une issue pour s'épancher extérieurement ; de là l'origine de ces ulcères desquels il découle
une liqueur noire visqueuse qui nuit beaucoup à la prospérité de l'arbre. Si, au contraire, la partie superposée
est douée d'une plus grande porosité, si ses tubes capillaires sont construits sur une plus grande échelle, l'ascension du fluide séveux est plus rapide, ainsi que son
épanchement dans la partie supérieure ; la transpiration
nécessaire à l'arbre élabore parfaitement les sucs ; les
bourgeons, les feuilles se développent et grandissent avec
plus de rapidité ; les organes aspiratoires hument, aspirent
dans l'atmosphère ; les substances aériennes, propres à
l'accroissement de l'arbre, renvoient à la tige et aux racines
tout ce qui est nécessaire à leur développement ; l'équilibre
se maintient et l'accroissement de l'arbre est prodigieux.
C'est l'observation de ces divers phénomènes qui m'a principalement décidé à insister sur la greffe en branches, et à
conseiller de ne pas greffer un sujet sans connaître parfaitement à quelle race et à quelle variété il appartient, et
sans avoir parfaitement observé les rapports de contexture
ligneuse qui peuvent exister entre lui et la variété que l'on
désire lui superposer.

Il est bien difficile de connaître à quel sexe appartient
un mûrier, avant qu'il ait formé sa tête. Les races premières sont les seules qui développent leurs caractères en
naissant, et qui dessinent leurs formes sans y rien changer.
Le semis des graines de races premières commencent la
dégénérescence, à moins que la fécondation des fleurs
femelles, par les étamines des fleurs mâles, soit pure de

mélange des races dégénérées, ce qui, dans nos climats, est impossible, ou du moins très-difficile. Nous ne possédons pas les mâles des races premières, aussi tous nos semis vont toujours en dégénérant. Tous les sujets en provenant sont, à peu d'exceptions près, hermaphrodites, à feuilles plus ou moins lobées ou digitées.

La contexture ligneuse des sujets provenus du semis, perd peu du caractère de la race à laquelle appartenait la graine, à moins que, dans la fécondation, les races ne se soient croisées. Dans ce cas, peu de sujets seront doués de la même organisation ; les uns offriront les caractères de la race noire, les autres de la blanche ; grand nombre tiendront le milieu entre les deux. C'est dans ce cas qu'un greffeur intelligent est un homme précieux ; c'est là où toute son attention est indispensable, et où, lorsque l'opération est faite au hasard, on reconnaît, à la prospérité des uns et à la nullité des autres, l'importance d'observer les rapports d'organisation et le choix des variétés mélangées. La dimension de la moëlle, l'épaisseur de l'écorce, la dureté du bois, sont, à défaut de connaissances plus amples, des moyens de comparaison à peu près sûrs, encore faut-il la plus grande attention pour ne pas s'y tromper.

§ II.

De l'amélioration des variétés par la greffe.

J'ai dit plus haut que la greffe faite avec intelligence pouvait améliorer les variétés. Les divers essais auxquels je me suis livré là-dessus, m'ont prouvé que certaines variétés pouvaient, non seulement varier de forme et de dimension, selon que l'alliance par la greffe était plus ou moins heureuse, mais encore qu'elles pouvaient perdre ou acquérir de la rudesse par les mêmes causes.

Si le sujet sur lequel on fait une superposition appartient à la race blanche et aux variétés fines et délicates de cette race, la variété superposée, quelles que soient sa rudesse et son épaisseur, deviendra plus mince, plus douce, sans perdre de sa dimension et de sa forme ; c'est à des expériences souvent répétées que je dois l'opinion que je me suis faite sur l'origine des variétés et des sous-variétés qui existent maintenant. C'est en alliant par la greffe les types de race, et en superposant aux extraits de cette alliance des variétés connues dans nos pays, que j'ai pu me faire une idée des améliorations possibles, ou de la dégénérescence des races et de la complication des sous-variétés, par l'alliance des variétés entr'elles.

L'unisexuel blanc type ou multicauly, dont l'organisation ligneuse obligera tôt ou tard ses zélés partisans à renoncer à lui, est susceptible de nous rendre quelques services importants. Je pense en avoir tiré tout le parti possible en lui superposant une variété robuste. Par exemple, en lui superposant le moretty, il en résulte des feuilles moins rudes et d'une plus grande dimension que celles du moretty.

Cette alliance du multicauly avec toute espèce de variétés, demande quelques précautions indispensables. Le danger de le perdre tous les hivers, m'a suggéré l'idée de ces précautions ; elles consistent à couvrir le bas des tiges de terre ou de toute autre chose propre à les garantir du gel, à les découvrir au printemps, lorsque la végétation va commencer, et à greffer les jeunes pousses d'un an tout-à-fait rez-terre ; si la greffe réussit, il surgira une tige prodigieuse dont la vigueur est infiniment supérieure à toute autre provenant de l'alliance des variétés que nous possédons. Cette différence s'explique par la contexture des racines du *multicauly*, qui sont douées d'une qualité spongieuse très-remarquable, et qui se développent et s'étendent très-rapidement. L'abondance des sucs qu'elles fournissent à la tige, donne lieu à cet accroissement rapide.

J'ai poussé plus loin cette expérience : j'ai superposé au *moretty* diverses variétés, de manière à avoir un mûrier ayant des racines de *multicauly*, une tige avec embranchement de *moretty* et une variété de nos contrées au-dessus. J'ai également fait cette expérience avec diverses variétés, telles qu'avec le mûrier *rose de Constantinople*, le mûrier *romain*, mûrier *à flocs d'Espagne*, aucune ne m'a réussi. Comme la superposition du *moretty* immédiatement sur la racine du *multicauly*, cette première alliance produit une feuille grande, ayant exactement la forme de celle du *multicauly* et sa dimension, ferme, lisse d'un côté, d'un vert moins foncé que le *moretty*, néanmoins plus prononcé que celui du *multicauly*, mais ayant, comme celle du *multicauly*, l'inconvénient de se flétrir rapidement malgré sa fermeté. Pour y obvier, j'ai superposé au moretty la variété appelée mûrier de *Constantinople*; la feuille en provenant a conservé le caractère et la forme exacte de cette variété, et est restée telle qu'elle est décrite au chapitre 6, à la dimension près qui a presque doublé. Diverses autres variétés ainsi alliées au *moretty* à racines de multicauly, ont acquis un développement plus grand que celui propre à leur race ou à leur variété ; il reste à savoir maintenant si leur qualité s'est aussi améliorée. L'expérience pourra nous instruire là dessus. Dans des expériences de cette nature, il ne faut jamais oublier que si nous obtenons des variétés d'une plus grande dimension, il faut éviter celles qui seraient plus épaisses ; l'abondance du parenchyme n'est qu'une qualité dangereuse ; les feuilles lisses ou rudes ne sont vraiment bonnes que lorsque les deux épidermes sont très-rapprochés.

Le mûrier de *la Virginie*, dont la feuille est épaisse, velue et rude, serait sans doute amélioré par l'alliance avec le *multicauly*. C'est une expérience que j'indique aux personnes qui possèdent ce mûrier, et il est plus que probable que cette alliance produirait un très-bon effet.

Il est, sans doute, une infinité d'expériences auxquelles on pourrait se livrer, soit pour améliorer les variétés mauvaises, soit pour remonter progressivement aux races premières, mais, je le répète, pour que ces expériences deviennent à la fois un moyen d'instruction et un objet d'utilité productive et rendante, il faut qu'elles soient faites par des hommes instruits, versés dans la culture du mûrier. Il convient de ne pas faire ces expériences sur une trop grande échelle, et d'attendre, avant de les appliquer à une grande masse, la conviction de leur bonté. J'indique donc, comme expérience faite et positive, l'amélioration des variétés ci-dessus indiquées, par leur superposition sur la racine de *multicauly* ; je considère ce moyen comme étant le seul que nous puissions employer dans nos contrées pour tirer parti de cette belle race première que les hivers rigoureux nous font si souvent regretter.

§ III.

Dernières observations sur la greffe.

Quelques jardiniers pensent que la greffe ne réussirait pas sur du bois de deux ans ; ils ont tort. Toutes les fois que j'en ai fait l'essai, il m'a complètement réussi. L'écorce d'une branche de deux ans est plus ferme et, par conséquent, moins sujette aux accidents qui font quelquefois manquer l'opération, lorsque l'écorce est trop faible, et ne serre pas la greffe. L'eau de pluie qui s'introduit entre l'écorce détachée et la greffe, agit plus fâcheusement sur une écorce tendre que sur celle qui est ferme ; l'action du soleil ou des vents du midi, qui peut également faire manquer l'opération, par rapport au dessèchement trop rapide et à la contraction de l'écorce qui en résultent, est bien moins sensible sur une écorce de deux ans que sur celle d'un an. En un mot, il y a avantage à greffer sur vieux bois lorsque, toutefois, la branche n'est pas trop grosse et peut être enveloppée par une greffe à flûte.

Lorsqu'on greffe un mûrier pour obtenir une variété meilleure, il convient de ne pas trop se hâter ; l'année qui suit la plantation à demeure est peu convenable ; le sujet n'étant pas encore bien remis de la secousse que lui ont fait éprouver l'arrachis et la suppression presque totale de ses racines, a besoin de repos. S'il a végété vigoureusement, on peut le tailler, le membrer par le procédé d'ébourgeonnement décrit au § 2 du chapitre 5, et le greffer la troisième année sur les pousses de la deuxième. Il est bon de se rappeler que plus un mûrier est vigoureux, plus l'opération est sûre ; on ne gagne rien à trop se hâter, surtout pour les mûriers de première classe auxquels cinq années au moins de repos, après la plantation à demeure, sont indispensables. J'ai remarqué que les mûriers, soumis trop tôt à l'opération de la greffe, n'étaient jamais aussi vigoureux que ceux sur lesquels elle était faite plus tard. J'ai remarqué également que ceux sur lesquels l'opération avait été faite au-dessus du deuxième embranchement, non seulement avaient une reprise plus assurée, mais encore prenaient un développement plus rapide.

Après l'opération de la greffe, il convient de ne laisser surgir aucun bourgeon autres que ceux que l'on veut faire adopter à l'arbre, et de supprimer les bourgeons parasites au fur et à mesure de leur apparition ; cette opération doit se répéter souvent, jusques à ce que l'on soit assuré que la greffe s'est emparée de toute la végétation. Si l'on s'apercevait cependant que l'œil de la greffe fut sec, il faudrait cesser l'ébourgeonnement dans la crainte de faire périr le sujet.

Quelques greffeurs ont la mauvaise habitude de faire tremper dans l'eau leurs greffes détachées à l'avance ; ce procédé est mauvais et fait souvent manquer l'opération. La gomme-résine se dissout à l'eau froide, et, cette gomme-résine indispensable à l'adhérence de la greffe, reste dans le vase où l'on a mis tremper les greffes ; l'eau qui l'a remplacée s'évapore après l'opération, produit une contraction qui fait détacher ou séparer la greffe de l'écorce du sujet greffé, et à moins d'un hasard miraculeux, la greffe ne réussit pas. Il convient de ne détacher les greffes qu'au fur et à mesure de leur emploi ; on peut faire tourner complètement un *scion* de greffe, et y prendre les greffes après en avoir comparé la grosseur avec celle du *scion* ou branche qui doit les recevoir. Cette méthode simplifie et abrège l'opération, en ce sens qu'avec une seule baguette on peut apposer plusieurs greffes sur le même mûrier, en commençant par sa plus petite branche, et lui appliquant le premier bourgeon ou sifflet détaché, et continuant ainsi jusqu'à la plus grosse branche qui doit se rapporter avec le talon du scion qui fournit les greffes, si la végétation du sujet que l'on greffe est tant soit peu régulière. Bien entendu que les principes ci-dessus se rapportent au procédé de la greffe à flûte, la greffe à écusson pouvant se faire indifféremment avec de grosses ou petites branches, sans proportion de grosseur entr'elles.

Après l'opération de la greffe, il reste au bout de la branche greffée un tronçon de bois sec ; il convient de le supprimer proprement aussitôt que la greffe a huit ou dix centimètres de longueur. Cette suppression donne à la greffe la facilité d'envelopper le bout de la branche presque complètement la première année, et le bout une fois couvert, elle acquiert une vigueur considérable.

On doit éviter d'apposer la greffe trop près de l'embranchement : il doit y avoir au moins 15 à 20 centimètres de distance entre la greffe et l'embranchement immédiatement inférieur ; elle doit être apposée dans l'intervalle qui se trouve à la branche, entre un nœud et l'autre, de manière à ce que sa partie inférieure s'arrête sur un nœud. L'œil doit être tourné de manière à conserver à l'arbre une forme régulière, c'est-à-dire, que sur une branche verticale, il doit être en dehors, et sur une branche horizontale, au-dessus ; les distances, autant que possible, régulièrement conservées. Il ne serait pas prudent de n'apposer sur un mûrier que la quantité de greffes rigoureusement nécessaire à sa membrure, il vaut mieux avoir à supprimer qu'à revenir partiellement à l'opération.

La membrure de l'arbre doit commencer l'année qui suit l'opération de la greffe, et se continuer au moins les deux ou trois suivantes, avant de s'approprier sa feuille, autrement on courrait risque de le voir se rabougrir. Il y a un si grand avantage à ne pas dépouiller trop tôt un mûrier de sa feuille, que je suis étonné qu'il y ait encore un planteur qui ait besoin de cette recommandation.

Il arrive souvent que la greffe donne deux ou trois jets. Dans ce cas, il convient de supprimer ceux de moindre apparence, et de n'en laisser qu'un par greffe. Cette règle s'applique à tous les ébourgeonnements. Les branches sœurs se séparent tôt ou tard, et, de plus, donnent une apparence disgracieuse au sujet.

J'aurais encore bien des choses à dire sur cette matière ; mais, soit que sur divers points il me reste encore quelques expériences à faire, soit que je craigne d'avoir imparfaitement observé, je m'arrête là. Je promets néanmoins de continuer mes recherches, et de les rendre publiques lorsqu'elles pourront être utiles à mes concitoyens.

CHAPITRE VIII.

DE LA TAILLE.

§ Ier

Considérations générales sur la taille.

Cette partie de la culture du mûrier a été rudement controversée ; cela devait être. Les *innombrables opinions* des cultivateurs de mûriers devaient être comme les *innombrables résultats divers* obtenus par les mêmes méthodes appliquées indifféremment dans tous les sols et tous les climats; la même méthode, appliquée dans des sols et des climats différents, produisant des effets diamètralement opposés, et ces différences se compliquant encore, dans chaque localité, par la différence des variétés soumises à la même opération, il devait naturellement en résulter un conflit d'opinions, un cahos d'idées plus ou moins opposées les unes aux autres.

Quelques auteurs veulent qu'on taille souvent, les uns au printemps, les autres après la cueillette de la feuille ; d'autres plus rarement; d'autres jamais. Je suis bien convaincu que chacun d'eux donne un conseil raisonnable pour le pays qu'il habite ; mais à moins de posséder un sol et un climat semblables, il n'est pas raisonnable de procéder comme lui.

La taille, comme toutes les autres opérations qui se rattachent à la culture du mûrier, doit varier et se modifier suivant les lieux, suivant les classes de mûriers, et suivant les variétés qui y sont soumises ; mais, dans tous les sols et tous les climats, la taille ne doit être considérée que comme *remède*, et non comme *nécessité*; elle doit servir à *aider* et non à *réformer* la nature.

Comme remède, elle doit réparer les maux qui surgissent indispensablement de la cueillette de la feuille, soit le rabougrissement, soit les lésions ou bris de branches. Considérée sous un autre point de vue, elle doit être pratiquée de telle sorte qu'elle favorise le développement du sujet en lui donnant à la fois une forme qui le mette à notre portée, en lui aidant à former les embranchements nécessaires à sa végétation, et lui empêchant d'en former une quantité trop considérable.

De ce principe découlent deux conséquences naturelles : la première, qu'il est dangereux de tailler le mûrier sans besoin, et l'autre, qu'il ne convient pas de négliger la taille quand le sujet demande à être taillé.

Ici, deux ennemis sont en présence, la *nature* et la *volonté de l'homme*. La nature, plus savante, réclame la priorité; il est interdit à l'homme, dans son intérêt, de la contrarier. La taille doit donc se conformer à ses exigences, l'aider, au lieu d'entraver ses fonctions, ou, tout au moins, être pratiquée de manière à ce que, sans inconvénient et sans perte, l'arbre trouve d'un côté ce qu'il aurait eu la volonté de chercher de l'autre, de manière à ce que les organes restant les mêmes , réunis dans une forme régulière et à notre portée , conservent néanmoins celle propre à ce végétal.

Ces principes posés, il convient, avant de prescrire les procédés de taille , de donner une idée aux cultivateurs de l'organisation des grands végétaux qui , souvent, varie suivant l'espèce.

Le mûrier qui, ainsi que je l'ai dit au chapitre 6, appartient (suivant Jussieu) aux *Urticées* , est destiné par la nature à former un arbre à haute tige ; la taille s'oppose donc à la volonté de la nature , et ne doit être pratiquée que dans le besoin , comme remède , et de manière à ne pas trop contrarier cette tendance incessante à jouer le rôle auquel la nature le destine.

Tous les grands végétaux se composent de trois parties bien distinctes : *racines , tige* et *branches.* Ces trois parties indispensables les unes aux autres , ont chacune un rôle différent à remplir : les racines cherchent dans le sol les sucs propres à la formation des organes destinés à absorber des substances aériennes dont la combinaison avec ces sucs produit l'accroissement du végétal. La tige sert de conducteur aux sucs fournis par les racines , les communique aux branches qui , en les conduisant elles-mêmes, et les distribuant dans toutes les parties de l'arbre , jusqu'aux feuilles , développent au fur et à mesure des besoins , des feuilles , de nouvelles branches et, par conséquent, de nouveaux embranchements.

L'embranchement, comme je l'ai dit plus haut , est le lieu où se rencontrent naturellement les sucs aqueux provenant des racines , et les substances aériennes absorbées par les feuilles. En examinant la direction des divers tubes capillaires qui s'y trouvent réunis, on voit que cette combinaison aqueuse et aérienne est obligée d'y tournoyer, d'y séjourner, et, par conséquent, de s'y combiner intimement ; ce qui m'a fait considérer l'embranchement comme l'estomac des végétaux, le lieu où s'élabore la sève, et le point de départ pour sa distribution dans toutes les parties de l'arbre.

Au fur et à mesure que le végétal grandit, que son organisation se subdivise, il forme, s'il est abandonné à lui-même, de nombreux embranchements. Dans les climats chauds et les sols riches, ces embranchements sont plus espacés et plus rares, les pousses plus longues et mieux nourries. Dans les climats froids et les sols pauvres, l'inverse a lieu ; les pousses sont plus nombreuses et plus minces ; le mûrier cherche à se créer une multitude d'organes aspiratoires qui forment autant d'embranchements ; il semble qu'il veuille compenser, par la multitude des moyens d'existence qu'il se crée, l'ingratitude du climat et du sol qu'il habite. Mais, alors, le climat et le sol ne répondant pas à ses besoins, il doit nécessairement se rabougrir et prendre l'aspect qu'ont, dans nos pays, les mûriers placés dans cette condition et abandonnés à eux-mêmes. Dans les climats chauds et dans les régions froides, la qualité du sol apporte à la végétation des modifications singulières qui en changent totalement l'aspect.

L'observation de ces phénomènes conduit naturellement à conclure que chaque localité doit amener des modifications dans la taille, que tous les sujets même ne peuvent être traités de même. Cette conviction m'a mis dans l'obligation,

pour être bien compris, de diviser les mûriers pour la
taille, comme pour tous les autres soins qui se rattachent à
leur culture, en quatre classes ; dans cette division en
quatre classes, seront compris seulement ceux dont la
membrure régulière a été faite d'après les principes développés au § 2 du chapitre 4. Quant aux mûriers qui, jusqu'à présent, n'ont reçu aucuns soins, ou qui ont été
traités d'après diverses méthodes plus ou moins défectueu-
ses, il convient de leur appliquer, selon leur âge ou leur
état, une taille en rapport avec les principes généraux d'embranchement qui seront développés au § suivant, et de les
traiter ensuite suivant le sol et le climat qu'ils habitent.

§ II.

Principes d'embranchement.

Il est impossible de pratiquer raisonnablement la taille
du mûrier, sans connaître les principes de l'embranchement. Ces principes varient suivant les lieux et doivent être
réglés sur la vigueur de chaque sujet. J'engage les planteurs à étudier avec attention ceux développés au présent §.
Leur connaissance complette fait toute la science du tailleur de mûriers.

Le nombre des branches qui composent le premier embranchement est peu important ; cependant, il serait plus
convenable qu'il fût proportionné à la richesse ou à la stérilité
du sol, et aux chances de chaleur ou de froid. Dans un sol
riche et un climat chaud, le développement du mûrier devant être plus rapide, il vaudrait mieux que le mûrier fût

primitivement membré sur trois ou quatre branches que sur deux ; le nombre de ces branches devant être réglé par sa vigueur, on sera forcé, pour suivre la marche de cet accroissement, de former, à la deuxième ou à la troisième année, le nombre des embranchements que comporte sa vigueur, afin qu'il puisse utilement dépenser l'abondance de sucs que le sol et le climat lui fournissent. Deux inconvénients graves résultent soit de la formation de trop nombreux embranchements, soit de l'opération contraire. Dans le premier cas, la rétroaction de la sève attardée par les nombreux reposoirs où elle s'élabore, ne pourra pas donner, à la tige et aux racines, tout ce qu'elle leur eût donné si les embranchements eussent été moins nombreux ; l'accroissement de l'arbre aura lieu plus rapidement à la partie supérieure qu'à l'inférieure ; la tige restera mince et fléchira sous le poids de la partie supérieure. Dans l'autre cas (celui d'insuffisance d'embranchement), le fluide ascensionnel jouera le principal rôle dans le développement de nouvelles branches ; elles seront longues, mais frêles ; les vents les froisseront, et leur forme et leur direction seront irrégulières.

Pour obvier à ces deux inconvénients, il faut procéder méthodiquement, former la tête des mûriers de première et deuxième classes sur trois ou quatre branches, les maintenir à cet état pendant la première année de la plantation à demeure, et doubler leurs embranchements à chacune des années suivantes, pendant au moins cinq ou six ans, de telle sorte qu'un mûrier membré sur trois branches ait, au bout de cinq ans de sa plantation à demeure, quarante-huit jets régulièrement placés. Il est bien convenu que, pour arriver à ce résultat, il faut que la greffe en branches

réussisse parfaitement, et que le mûrier n'ait jamais été
dépouillé de sa feuille.

Pour les mûriers de troisième et quatrième classes, la
forme de l'embranchement est à peu près indifférente.
L'obligation de les tailler tous les ans ou tous les deux ans
pour les maintenir à l'état d'arbuste, s'oppose à la régularité de l'embranchement; leur forme régulière ne pourra se
maintenir au plus que pendant les premières années de
leur âge, et la multitude des pousses sera le seul moyen
de les indemniser de la perte que nous leur ferons faire
annuellement.

Lorsque les mûriers de première classe auront été membrés sur deux jets, et que ces jets seront vigoureux, il
convient de leur donner à nourrir chacun trois jets nouveaux
qui formeront deux nouveaux embranchements sur chaque
jet; mais alors il faut les espacer convenablement, afin de
ne pas tomber bientôt dans la confusion; pour cela, la
taille doit être longue et suivie de l'opération indispensable
de *l'ébourgeonnement* prescrit au § 2 du chapitre 5. A la
deuxième opération, la taille doit être un peu plus courte
et ne doit former qu'un embranchement par chaque jet,
et l'opération doit continuer pendant deux années au moins
avant de dépouiller l'arbre de ses feuilles, toujours avec
la même progression.

Lorsqu'un mûrier de première et deuxième classes aura
été membré sur trois ou quatre jets, les membrures et
embranchements successifs ne doivent que doubler an—
nuellement, à la différence seulement que, dans les mûriers
de première classe, ils doivent être plus distants que dans
ceux de deuxième, afin d'être proportionnés à la dimension

que chacun doit acquérir. En règle générale, la richesse ou la pauvreté du sol, et du climat doivent servir de guides à cet égard, et régler les distances d'embranchements qui doivent toujours être proportionnés à la vigueur du sujet.

Il est donc bien convenu que chaque pousse nouvelle doit devenir branche l'année suivante, et fournir deux nouvelles pousses qui, à leur tour, deviennent mères de deux nouveaux enfants; cette progression régulière donne à la fois une forme gracieuse au sujet, et lui garantit un avenir plein de vigueur et de santé. Ces principes d'embranchements s'appliquent aux mûriers de tout âge, et quoiqu'ils ne semblent écrits que pour les nouvelles plantations, ils peuvent s'appliquer aux vieux mûriers après la taille, pour les rajeunir et leur rendre une végétation vigoureuse. La manière de procéder, dans ce cas, sera indiquée au § 5 du présent chapitre.

§ III.

Des diverses causes qui obligent à tailler les mûriers.

Les causes qui obligent à tailler le mûrier sont, pour les jeunes : *l'obligation de maintenir l'équilibre et la proportion entre toutes leurs parties, le besoin de diriger leur végétation et de la rendre régulière.* Pour ceux qui ont déjà été dépouillés de leurs feuilles : *les accidents indispensables résultant de la cueillette des feuilles, le bris des branches, le rabougrissement et les maladies auxquelles donne lieu cette cueillette pratiquée en temps inopportun;* enfin, dans certains

cas : *le besoin de ramener le mûrier à notre portée, en ar-*
rêtant l'accroissement de certaines parties qui s'emparent de la
végétation.

Pour les jeunes mûriers, la taille annuelle, pendant quatre ans au moins, est indispensable soit pour les membrer,
ainsi qu'il est dit au paragraphe précédent, soit pour régler
leur végétation. Je n'insisterai pas sur les principes de cette
taille que je crois avoir suffisamment développés au précédent paragraphe; j'indiquerai seulement les principales
causes qui amènent le rabougrissement et nécessitent la
taille.

La cueillette de la feuille est la principale cause de tous
les maux qui surgissent aux mûriers et nous mettent dans
l'obligation de les tailler. Pour bien se rendre compte de
ces différents maux, il faut d'abord observer attentivement
l'organisation de ce végétal, et se rendre compte des moyens
que la nature lui a fournis pour résister à notre cupidité. Il
semble que le Créateur, prévoyant l'utilité de ce végétal,
a donné à lui seul ce qu'il a refusé à tous les autres. Il
n'en n'existe pas un, sur toute la surface du globe, qui
puisse résister à la suppression totale de ses organes aspiratoires au moment de sa végétation. Le mûrier, seul, est
muni de moyens d'existence éventuels, de bourgeons
dormants prêts à remplacer ceux qu'on lui enlève, destinés
à lutter contre nos mains dévastatrices; cette lutte, cependant, ne peut pas être éternelle; les ressources que la nature lui a données ne sont pas sans bornes; ces bourgeons
éventuels ne sont pas inépuisables; il doit nécessairement
succomber dans un combat qui est inégal pour lui; son
rabougrissement nous l'annonce et semble nous demander

merci. Alors, écoutons sa prière, donnons lui du repos et la taille, et nous le verrons renaître, et nous compenser largement le petit sacrifice que nous aurons fait en sa faveur.

L'épuisement des bourgeons éventuels doit avoir lieu dans un laps de temps plus ou moins court, selon les lieux et même suivant les variétés, la contexture ligneuse jouant un rôle qui varie suivant son plus ou moins de fermeté. Dans les variétés construites sur une grande échelle, l'épuisement des bourgeons éventuels sera plus rapide dans les climats chauds et les sols riches ; le mûrier développera annuellement une plus grande quantité de bourgeons, et sera par conséquent plus souvent en besoin d'être taillé ; l'inverse aura lieu, pour les mêmes variétés, dans les climats froids où les variétés à contexture ferme et serrée résisteront plus longtemps au rabougrissement.

Quoique l'épuisement des bourgeons éventuels semble devoir être progressif et toujours le même pour chaque variété habitant le même lieu, il peut néanmoins être hâté par des accidents provenant de la cueillette de la feuille en temps inopportun. Il peut advenir que grand nombre de ces bourgeons périssent lorsque l'arbre est dépouillé de sa feuille par un temps de pluie, ou lorsque une transition rapide d'une température chaude à une froide a lieu immédiatement après la cueillette de la feuille. La rétroaction de la sève, dans ce cas, donne lieu à de graves accidents ; nous sommes heureux si le mûrier en est quitte pour le rabougrissement. Il peut en advenir des maladies graves, tels que l'*asphixie*, le *champignon muquor*, des *ulcères* à la tige et aux racines : dans cette hypothèse, non seulement la taille aux branches devient utile , mais encore celle aux racines est nécessaire pour faire épancher au dehors la trop grande abondance du fluide séveux dont le séjour et la fermentation dans les racines et la tige amè- nent ces accidents fâcheux auxquels les mûriers sont souvent sujets dans nos contrées. Cette opération, donnant aux germes de bourgeons le temps de se développer, peut sauver l'arbre qui eut immanquablement péri asphixié si on l'eût négligé. Pour obvier à ces accidents, il serait prudent de suivre le conseil que donne, en pareil cas, M. Frescinet, de ne pas dépouiller entièrement le mûrier de sa feuille lorsque le temps est froid et pluvieux ; mais il ne faut pas négliger d'achever l'opération aussitôt qu'il fera beau, et dix ou douze jours au plus tard après la première opération. Cette opération, qui peut sauver l'arbre de bien des accidents, donnerait lieu à d'autres non moins graves, si la cueillette de la feuille n'était pas achevée.

§ IV.

Division de la taille par classes de mûriers.

Étant bien reconnu que la taille du mûrier ne peut pas se pratiquer dans tous les lieux de la même manière et aux mêmes époques, il est indispensable, pour prescrire à chaque planteur ce qu'il doit faire, de diviser les mûriers à tailler par classes ; cette division, en tout conforme au plan général de cet ouvrage, sera basée sur les principes de classification développés au § 2 du chap. 1er, principes sur lesquels il est inutile de revenir ici. Il suffit seulement de rappeler que mon type de première classe de sol et de climat se trouve dans le département de l'Isère, et que la méthode que j'indique pour toutes les classes, n'est rigoureusement applicable, pour le reste de la France, que pour des sols et des climats identiques.

Ainsi, en se rappelant bien que le mûrier ne doit être taillé que dans les cas indiqués au paragraphe précédent, il est ordinaire que l'épuisement des bourgeons éventuels doive avoir lieu, pour les mûriers de première et deuxième classes, au bout de six ou huit ans. Le planteur qui aura membré ses mûriers convenablement, qui ne les aura dépouillés de leurs feuilles qu'après six ou sept ans de plantation à demeure, pourra diviser par sixièmes ses plantations de première classe, et tailler tous les ans un sixième de ses mûriers, en commençant cette taille la huitième année de la plantation à demeure, sauf pour quelques-uns ou pour tous, les cas de rabougrissement ou d'autres accidents résultant de la cuillette des feuilles en temps inopportun.

Si le premier et second sixièmes, par lesquels l'opération doit commencer, ne sont pas encore rabougris, que leur vigueur puisse faire regretter les branches que la taille supprimerait, alors au lieu de les tailler, il convient de les laisser reposer pendant un an sans les dépouiller, ce qui renverrait pour eux, s'ils avaient huit ans lors de cette année de repos, à la quatorzième année de leur âge, pour être taillés la première fois.

Les mûriers de *deuxième classe* peuvent être divisés par *tiers* au moins et par cinquièmes au plus. Par tiers, dans les climats chauds , aux sols médiocres , ou dans les bons sols aux climats froids ; et par *quarts* ou cinquièmes , dans les sols riches et climats tempérés.

Cette division , néanmoins , ne peut pas être exclusive ; les variantes de la végétation , suivant les lieux , doivent être , là-dessus , les seuls guides ; chaque cultivateur doit étudier la végétation des variétés qu'il possède , et surtout ne pas oublier que la taille lui impose deux obligations importantes ; *le repos, pendant un an, du sujet taillé* , et *l'ébourgeonnement après la taille* , pour refaire et réorganiser , sur le même plan , le mûrier qui a été taillé.

Le mûrier de troisième classe , que nous appelons *mûrier nain* , ne peut pas être traité dans tous les lieux de la même manière : dans les sols et climats de première classe , la taille peut être pratiquée annuellement après la cueillette de la feuille ; dans les sols médiocres et climats chauds , elle doit être pratiquée au printemps , et les plantations , alors , doivent être divisées par deuxièmes ou par tiers ; dans les sols riches ou climats frais , cette division peut être la même ; et dans tous les lieux , la vigueur de la végétation doit guider le cultivateur et déterminer la proportion dans laquelle il doit diviser ses plantations pour la taille. Les mêmes règles s'appliquent aux mûriers de quatrième classe , qui , ne donnant des produits qu'en raison de la multitude de leurs pousses nouvelles , devront être traités de manière à faciliter le plus possible le développement de ces nouvelles pousses, et leur taille annuelle ou bisannuelle aura lieu selon les sols et les climats où ils seront placés.

Je terminerai ce paragraphe en faisant observer aux

planteurs que, dans les sols riches et climats chauds ou
tempérés, le repos d'un an, au lieu de la taille, est pour
les mûriers de première classe, non rabougris, plus avantageux que la taille ; que, dans ce cas, la suppression des
branches lésées ou mortes, ou de celles mal placées,
en un mot, l'élagage bien fait peut devenir pour le mûrier
un moyen de se renouveller et de lui rendre sa vigueur
première : on pourra avoir recours à ce procédé dans les
cas seulement où le mûrier n'aura pas besoin d'être ra-
mené à notre portée.

§ V.

Des mûriers à réformer par la taille.

Les mûriers à réformer par la taille sont très-nombreux
dans notre département, principalement dans les arrondis-
sements de Grenoble, la Tour-du-Pin et St-Marcellin ;
il en existe bien peu chez lesquels le hasard ait formé des
embranchements réguliers et proportionnés à leur âge et à
leur grosseur ; aussi cette partie de mon ouvrage sera la
plus longue et la plus difficile à faire comprendre et à faire
pratiquer. La cupidité des propriétaires s'opposera long-
temps au sacrifice d'un faible produit pendant un an ou
deux, et ces mûriers, dont l'aspect attriste le cœur, con-
serveront longtemps encore l'aspect rachitique et rabougri.
Cette réforme, cependant, ne demanderait pas plus de
trois ou quatre ans pour être opérée complètement, si
ceux qui possèdent des mûriers rabougris, consentaient à

diviser leurs plantations en diverses catégories. La perte réelle de produit ne se ferait qu'à la première et deuxième année, la troisième et la quatrième compenseraient largement cette perte, et les mûriers renouvelés, traités ensuite comme si leur éducation commençait, reprendraient toute leur vigueur première.

Les mûriers à réformer par la taille, se divisent naturellement dans tous les lieux en deux catégories : dans la première, *ceux qui n'ont reçu aucuns soins, et chez lesquels le hasard seul a dirigé la végétation* ; dans la seconde, *ceux qui ont été taillés outre mesure et sans méthode,* et qui, privés sans pitié des organes nécessaires à leur accroissement, sont criblés de cicatrices, de chancres, d'ulcères, et ne présentent à l'œil attristé qu'une végétation annuelle de quelques pousses rabougries.

Pour réformer ceux de la première catégorie, l'opération sera plus facile et plus sûre ; la nature, qui n'a pas été contrariée, a conservé toutes ses ressources, et quelque soit leur âge, une taille bien faite peut leur rendre, sinon une forme régulière, du moins une végétation vigoureuse. Le point essentiel, en les taillant, est de leur conserver la quantité d'embranchements que comporte leur grosseur ; quelle que soit la bisarrerie de leur forme, il faut bien se garder de les tailler au-dessous du premier embranchement ; cette sotte opération, que j'ai vu pratiquer quelquefois, n'est permise dans aucun cas et à aucune époque. L'arbre que l'on y a soumis n'est jamais vigoureux, et les nouveaux embranchements qu'il se crée ne sont jamais solides. Il faut, s'il est possible, conserver au moins à chaque mûrier, un double, triple ou quadruple embranchement,

selon son âge ou sa vigueur ; et sur les vieux mûriers,
considérer les branches premières comme autant de tiges,
et leur ménager à chacune les mêmes embranchements que
l'on eût conservés à un mûrier dont la tige eût eu la même
dimension. Si, dans des cas de lésion ou de maladie à ces
branches, on est forcé de s'écarter de cette règle, il faut
alors laisser à l'arbre assez de repos pour lui donner le
temps de refaire ses organes ; deux années de repos au
moins sont indispensables. Comme il est impossible,
sur les vieux mûriers, de pratiquer toujours l'ébourgeonnement qui doit suivre la taille, on peut remplacer cette
opération par une deuxième taille l'année suivante, qui,
en supprimant la trop grande quantité de bourgeons surgis
à la première année, règlera la quantité de branches qui
doivent rester et former les nouveaux embranchements.
Cette deuxième opération, faite en mai, donnera déjà
quelques produits de feuilles, que l'on emploiera à nourrir
les jeunes vers. Il conviendra alors d'appliquer aux pousses
restantes les procédés de taille et d'ébourgeonnement
prescrits pour la membrure des jeunes mûriers. Il suffira
seulement de supposer que chacune des branches d'un
vieux mûrier est un arbre auquel il faut donner des embranchements réguliers, échelonnés et espacés proportion-
nellement à sa vigueur. Dans les jeunes comme dans les
vieux mûriers de cette catégorie, l'on a tout à perdre à
revenir trop tôt à les dépouiller de leurs feuilles. Aux vieux,
deux ans au moins sont indispensables, et pour les jeunes
que la cueillette prématurée de leurs feuilles a rabougris,
il conviendrait de procéder avec eux comme pour des
mûriers nouvellement plantés, et de ne les dépouiller que
lorsqu'ils seront suffisamment membrés et embranchés.

Quant aux mûriers de la deuxième catégorie, ceux qu'une taille immodérée a couverts de plaies et de cicatrices, il y a deux manières de procéder ; elles dépendent de l'état de santé ou de maladie dans lequel ils se trouvent. Si les pousses nouvelles sont encore fraîches et vigoureuses, l'ébourgeonnement, le repos et la membrure sur les nouvelles pousses, d'après les principes développés au § 2 du présent chapitre, sont les vrais moyens de les raviver ; mais si, au contraire, cette taille immodérée a donné lieu au surgissement de chancres, d'ulcères et de caries aux branches, aux racines ou à la tige, alors la taille rase est indispensable au-dessus du premier embranchement toujours ; mais alors elle doit être faite de manière à pouvoir former au moins deux embranchements sur chaque tronçon. Après cette opération, deux ans de repos sont de rigueur, et toujours il faut, dans cet intervalle, procéder à la deuxième taille et à la membrure par ébourgeonnement, et cette membrure nouvelle doit être dans les proportions de vigueur et de dimension du sujet.

Dans les deux catégories d'arbres à réformer par la taille, celle aux racines est de rigueur. En règle générale, les organes chargés de fournir le fluide séveux doivent diminuer à mesure que les réservoirs où devait s'épancher ce fluide diminuent. Si cette taille était sagement pratiquée à chaque fois qu'on taille les branches, on éviterait bien souvent les graves accidents auxquels donne lieu la taille immodérée ou faite en temps inopportun.

§ VI.

Époques de la taille.

Les principes développés dans les paragraphes précédents et les suivants, ne sont pas ce qu'il y a de plus important pour arriver aux résultats qu'on se propose. Vainement posséderait-on toutes les connaissances qui se rattachent à la taille du mûrier, et l'opérerait-on de la manière la plus parfaite, on obtiendra un résultat opposé à celui qu'on attend, si l'on n'observe pas les époques convenables pour tailler.

De nombreuses expériences, des observations constamment répétées m'ont convaincu que la taille du mûrier, notamment pendant sa végétation, doit être faite par un temps sec et chaud, et surtout avant le plein de la lune. Je sais que cette assertion trouvera, sinon des contradicteurs, du moins des incrédules; que beaucoup de théoriciens, étrangers à la pratique, regarderont mon opinion comme une vision de lunatique; n'importe, il n'en est pas moins bien constant que l'influence lunaire se fait sentir sur tous les végétaux; que tous les fluides qui se trouvent à la superficie du sol, agissent sur les végétaux d'une manière dont les effets varient selon les phases lunaires.

J'ai longtemps cherché à me rendre compte de cette différence singulière qu'apportait, dans la végétation, la différence de la taille en nouvelle ou vieille lune. Après plusieurs expériences qui me donnaient toujours le même résultat; après avoir remarqué que la taille opérée en lune

nouvelle donnait une très-faible déperdition de sève, et
que le suc gommo-résineux, qui surgit ordinairement sur
la coupure, se desséchait rapidement et cicatrisait la
plaie, tandis que la taille opérée en lune vieille donnait
lieu à un épanchement considérable de fluide séveux extérieurement ; que ce fluide séveux, décomposé par le
contact de l'air, prenait une couleur noire ou brune, et
faisait périr l'écorce de la branche sur laquelle elle s'épan-
chait ; j'ai conclu de là que l'ascension du fluide séveux
variait d'intensité et suivait la progression des phases
lunaires. J'ai remarqué également, en pratiquant en même
temps la taille aux branches et aux racines, que la déperdition du fluide séveux avait lieu, en lune nouvelle,
par les racines, et en lune vieille, par les branches. Ces
observations m'ont fait penser que l'*ascension* et la rétroaction
du fluide séveux étaient périodiques, et réglées ou modifiées
par l'attraction lunaire. J'ai également remarqué que les
mûriers, dépouillés de leurs feuilles en lune nouvelle,
avaient une deuxième végétation plus hâtive et plus vigoureuse.

Cette influence lunaire sur tous les fluides qui se trouvent à la superficie du globe, et par suite sur les végétaux
qui s'en nourrissent, ne saurait être contestée ; ses effets
variés, dont on peut se convaincre à chaque instant,
mènent naturellement à conclure qu'il y a des jours *fastes*
et des jours *néfastes* pour opérer.

J'ai pratiqué la taille pendant plusieurs années de suite
sur des mûriers de même âge et à côté les uns des autres,
les uns en vieille lune et les autres en nouvelle, pendant
la végétation ; ceux taillés en lune nouvelle sont frais,

vigoureux et prodigieusement développés ; les autres ont
en partie péri , et ceux qui ont résisté n'ont pris aucun
accroissement ; leur végétation va toujours décroissant.

Un temps chaud et sec est également nécessaire ; si la
pluie succède à la taille , la cicatrisation des plaies est beaucoup plus difficile. La gomme-résine , dissoute par l'humidité , ne bouche plus les tubes capillaires aboutissant à la
coupure ; l'épanchement extérieur du fluide ascensionnel
donne lieu à de graves accidents.

Pour tous les pays , la taille ne peut pas être pratiquée
aux mêmes époques de l'année ; celle faite au printemps ,
avant la végétation , est préférable partout , et impérieusement commandée dans les climats de troisième et quatrième classes. Dans les climats chauds et tempérés, celle
faite après la cueillette de la feuille peut devenir très-
avantageuse en ce sens que l'année de repos qui doit
toujours suivre la taille , donne le temps au planteur de
réformer des embranchements et de pratiquer la nouvelle
membrure par bourgeonnement , prescrite au § 2 du
présent chapitre , et qui sera plus amplement développé
ultérieurement.

Dans les climats froids , au contraire , la taille au printemps est de rigueur, L'arbre , après la cueillette de sa
feuille , n'a pas assez de temps pour végéter ; il serait
imprudent de le tailler à cette époque , on pourrait l'exposer à périr. Dans cette hypothèse , elle doit être faite
dans le courant de février ou de mars , et suivie , en mai ,
de l'ébourgeonnement.

Dans les climats chauds et tempérés , elle doit être faite
immédiatement après la cueillette de la feuille , si la lune

est nouvelle ; et si elle est vieille , on doit attendre , pour
y procéder, qu'elle soit renouvelée. Dans ce dernier cas,
on pourra se dispenser d'ébourgeonner , afin de procéder,
au printemps suivant , à l'élagage des jets qui seront de
trop ou mal placés , et d'utiliser leurs feuilles. On ne doit
jamais oublier que les mûriers que l'on veut tailler après
la feuille cueillie , doivent être dépouillés les premiers ; il
faudrait , autant que possible , qu'ils fussent taillés avant
le plein de lune de mai , ou , au plus tard , dans les premiers jours de la lune de juin.

Pour tous les pays, la taille au printemps est préférable ,
et celle faite après la feuille cueillie devient funeste , si elle
n'est pas suivie d'un an de repos. Le rabougrissement immédiat en est la conséquence forcée dans nos climats. Le
midi de la France peut seul se permettre cette taille ,
encore lui est-elle quelquefois interdite. Je ne serais point
éloigné de croire qu'elle ne fût la cause première des
diverses maladies des vers qui affligent souvent ces contrées.
Une feuille réduite par des pousses sans embranchements ,
doit contenir des sucs qui ne sont pas suffisamment élaborés , et peut bien donner lieu aux fâcheux effets produits par ces sucs pernicieux.

§ VII.

Manière de procéder à la taille.

Les instructions comprises en ce paragraphe sont très-
importantes : la réussite de l'opération de taille en dépend

souvent. Dans nos contrées, les hommes chargés d'opérer la taille des mûriers sont, pour la plupart, des manœuvres que l'on y emploie, ignorant en général les règles et les proportions dans lesquelles la végétation développe les végétaux ; ils coupent sans distinction toutes les branches à la même hauteur ou longueur, sans faire aucune attention au lieu où ils placent leur point de section, à la grosseur proportionnelle des branches et à l'inclinaison des coupures ; très-peu même s'appliquent à faire une coupure propre et sans bavure. Il résulte de cette négligence de très-graves accidents : des *caries*, des chicots, qui sont immédiatement habités par des larves dont les ravages s'étendent souvent au-delà des parcelles de bois mort résultant de la mauvaise taille. Les plaies ne se recouvrent que difficilement, ou jamais. C'est pour obvier à ces graves inconvénients, que les préceptes du présent paragraphe deviennent très-importants.

Le choix et la forme des instruments dont on doit se servir, et la manière d'en user ; le lieu obligé des coupures, et leur forme ou inclinaison, formeront tout le texte de ce paragraphe.

Aussitôt qu'une branche est trop grosse pour être tranchée d'un seul coup à la serpette, on doit se servir d'une scie, la plus fine possible, aux dents courtes, et n'ayant que le chemin nécessaire pour passer au travers du bois vert. Les instruments appelés *scies* de jardinier, aux lames fortes et épaisses, avec double rang de longues dents, ne sont pas convenables ; elles déchirent trop profondément le bout des tubes capillaires aboutissant à la coupure, et il résulte de leur lacération la formation d'un chicot de bois mort plus ou moins long, qui, outre l'inconvénient de nous obliger à les supprimer ultérieurement, a celui encore plus grave de retarder d'un an au moins le recouvrement complet de la blessure. La taille faite à la serpe par la percussion produit le même effet, elle brise le bout des tubes, ce qui produit toujours la mort du bout de la branche. Il convient donc de se servir des scies les plus fines que l'on puisse trouver. Celles dites *scies anglaises*, ou vulgairement *escofines*, sont celles qui conviennent le mieux, encore imposent-elles l'obligation de revoir les coupures au fur et à mesure qu'on les fait, afin d'enlever avec une serpette bien affilée les bavures ou mâchures de la scie, et de polir parfaitement la coupure, surtout sur les parois extérieures où son effet doit être plus sensible que sur le cœur. Un enduit d'onguent de St-Fiacre ou tout autre qui bouche l'extrémité des tubes, n'est pas une mauvaise précaution, surtout lorsqu'on opère avant la circulation du fluide séveux, et avant que l'arbre puisse employer à la cicatrisation de ses plaies les moyens que la nature a mis à sa disposition.

Il y a des précautions à prendre pour se servir de la scie convenablement. D'abord, il est bien rare de trouver des branches auxquelles la direction verticale donne un équilibre complet; elles pèsent toutes plus ou moins d'un côté. Pour éviter la déchirure d'une partie de la branche, il convient de commencer la coupure du côté de la chûte probable, et encore il convient de soutenir, autant que possible, le bout qui doit tomber, afin que son poids ne produise aucune rupture. Il faut un peu d'habitude pour faire rencontrer les deux entailles de la scie; dans le cas où cette rencontre ne serait pas parfaite, la serpette y supplée, et arrondit parfaitement la coupure. Il faut avoir la main très-légère pour la scie, autrement elle s'engage, et joue difficilement dans l'entaille, surtout lorsqu'elle est enduite de gomme-résine ; il faut la nettoyer souvent et la tenir grasse : on s'évite beaucoup de peine et l'on opère plus vite et mieux.

Les branches de mûrier, quels que soient leur âge et leur grosseur, ont, sur leurs parois, à des distances à peu près régulières, des bosselures ; ces proéminences indiquent le le lieu où dorment, entre le liber et l'écorce, les germes de bourgeons éventuels destinés à remplacer les branches supprimées. (Dans les pousses de l'année, l'œil dormant est apparent.) La taille doit être faite au ras de ces proéminences et immédiatement au-dessus, et l'on doit choisir celle dont la position garantit, pour la branche qui doit faire suite à l'autre, une direction pareille, ou, dans le cas où la direction de la branche supprimée fût vicieuse, la changer de manière à la régulariser. Aucune direction forcée ne doit être donnée à une branche ; elles doivent toutes suivre la direction que la nature leur assigne, c'est au planteur à les choisir. C'est là que l'on sent toute l'importance d'un ébourgeonnement ou d'un élagage bien faits. L'emplacement de la bosselure à choisir doit être déterminé par la position des branches entr'elles ; si l'arbre est serré, elles doivent être en dehors, pour les branches verticales surtout ; pour les branches horisontalement inclinées, elle doit être au-dessus, et lorsque l'embranchement est irrégulier, elles doivent toujours être choisies de manière à ce que la branche qui en surgit garnisse les vides qui se trouvaient dans la forme primitive de l'arbre.

La nécessité de couper la branche au ras d'une de ces proéminences, et celle de changer souvent la direction d'une branche pour régulariser la future végétation du sujet, la grosseur proportionnelle des branches, qui varie beaucoup dans les plantations, où l'intelligence et les soins des planteurs n'ont pas su maintenir l'équilibre entre toutes les parties de l'arbre, l'impossibilité de rencontrer une de ces proéminences bien placée et à la même hauteur sur chaque branche, font sentir tout le ridicule de ces tailles régulières, dans lesquelles toutes les coupures sont pratiquées à une hauteur et une distance parfaitement égales de l'embranchement, où il semble que l'on s'est servi d'un compas pour déterminer l'emplacement de la coupure ; dans ce cas, les coupures se trouvent, les unes entre deux bosselures, les autres au centre de ces bosselures, d'autres enfin, mais par hasard bien placées, de là des pousses irrégulières et d'innombrables chicots à couper l'année suivante, et souvent l'origine de caries, d'ulcères, et la cause de la rupture des branches.

La coupure ne doit pas être horisontale ; elle doit être inclinée du côté opposé à la bosselure qui recèle le germe des bourgeons éventuels ; sa forme alors est ovale. Cette inclinaison de la coupure donne à la plaie les moyens d'une prompte dessication, condition essentielle ; et comme le côté de la branche opposée au bourgeon ou jet nouveau se dessèche toujours, elle laisse dans la plaie, lorsqu'elle est soudée, une moins grande quantité de bois mort. Dans les pousses nouvelles, que l'on peut supprimer d'un seul coup de serpette, les mêmes règles doivent être observées ; l'œil dormant, destiné par le tailleur à faire suite à la mère branche , doit être au sommet de la coupure ; le coup de serpette doit commencer au côté opposé , en face des épaulements de l'œil , et sortir à demi-centimètre au-dessus. Lorsque cette opération a été bien faite , il faut être connaisseur pour distinguer un an après le point d'intersection entre le bois de deux ans et celui de l'année.

Il serait inutile de recommander aux tailleurs de mûriers les précautions qu'ils devraient prendre pour ne pas lacérer l'écorce des branches , soit avec leur chaussure , soit avec les échelles dont ils se servent pour faire l'opération. Il serait convenable que toutes les échelles destinées à être appuyées contre des branches de mûrier fussent empaillées , c'est-à-dire leurs bras de force entourés de cordons de paille dans la partie supérieure , et que la chaussure de tous ceux qui vont sur les branches de mûrier fût souple et douce , en chaussons de lisière ou de tout autre chose. Les souliers ferrés et les sabots de la plupart des cueilleurs de feuille sont une des causes principales de l'origine des chancres aux branches , et du rabougrissement prématuré de nos mûriers. Toutes ces précautions paraissent d'abord minutieuses ; mais quand je compare la beauté des mûriers pour lesquels je les ai prises , avec ceux chez lesquels je les ai négligées , je les regarde comme indispensables.

§ VIII.

Ébourgeonnement après la taille.

Nous arrivons enfin à une des opérations les plus importantes , et en même temps des plus difficiles à bien exécuter ; celle qui décide de la regénérescence du sujet auquel nous avons été obligé d'imposer la cruelle opération de la taille ; celle, en un mot, qui décidera de la durée de la nouvelle période d'existence que nous allons lui donner.

La difficulté ne git pas dans la manière d'enlever les bourgeons inutiles ; elle est dans le choix, le nombre et l'emplacement de chacun d'eux.

Pour que l'ébourgeonnement produise l'effet que l'on doit en attendre, il faut que la taille ait été bien faite, que l'on ait laissé à l'arbre une quantité de bois proportionnée à sa vigueur. Une condition essentielle de prospérité est la reconstruction d'une nouvelle charpente sur le plan de l'ancienne, si elle était régulière, et, dans le cas contraire, l'établissement d'une nouvelle qui rétablisse l'équilibre entre toutes les parties de l'arbre. Il convient d'examiner, lors-qu'on taille un mûrier, la forme, la direction des embran-chements que l'on supprime, afin de les lui rendre, autant que possible, en dirigeant sa nouvelle végétation. Ainsi, si le mûrier que l'on taille est vigoureux, sa taille doit être assez longue pour se ménager l'emplacement, sans confu-sion, d'un nombre d'embranchements nouveaux égal à ce-lui supprimé. La taille trop courte ne permettant pas de trouver la place d'une quantité de jets suffisante, peut de-venir très-préjudiciable aux sujets vigoureux ; de même que celle trop longue nuit aux sujets peu vigoureux, pour les-quels une trop grande quantité de jets devient un moyen rapide d'épuisement. Ces principes, une fois bien compris, l'opération devient facile.

L'emplacement des bourgeons à choisir dépend beaucoup de la forme primitive du sujet, et celui qui procède à l'ébourgeonnement, doit, à l'avance, juger la direction du jet et le lieu qu'il occupera. Ainsi, les bourgeons choisis doivent être placés de manière à ce que, dans l'avenir, les branches ne puissent pas se toucher ou se croiser. C'est donc indispensable de les échelonner, et de les prendre sur chaque branche à des hauteurs et des distances égales, mais variant d'une branche à l'autre. Par exemple, sur un arbre membré sur trois branches partant du premier embranchement, si la taille a été pratiquée au-dessus du deuxième embranchement, il doit avoir six tronçons ; s'ils ont un pied de longueur, ils ont chacun, et de chaque côté de la branche, de six à huit bosselures (cette quantité de bosselures varie beaucoup : le climat, le sol et la variété à laquelle appartiennent les mûriers, modifient à l'infini le plus ou moins de rapprochement des *bosselures*). On supprime, en alternant, toutes les pousses d'une bosselure, et, de l'autre côté, sur la bosselure opposée, on choisit, parmi les bourgeons le plus vigoureux et le mieux placé, et l'on supprime ses acolytes ; de telle sorte que si le tronçon en branche a huit bosselures, et que l'on veuille lui donner à nourrir quatre jets nouveaux, on choisit un bourgeon d'un côté sur la première et la troisième bosselures, et de l'autre côté de même ; comme les bosselures sont échelonnées, les branches nouvelles le seront aussi. L'opération se fait de haut en bas, et le n° 1er est la bosselure sur laquelle la taille a été faite.

Cette régle, malheureusement, n'est pas sans exception. La membrure primitive de l'arbre n'est pas toujours régulière, et, malgré toutes les précautions du planteur, des

accidents viennent souvent déranger ou contrarier cette
régularité ; c'est dans ce cas que l'intelligence joue le rôle
le plus important ; le choix des bourgeons à laisser devient
plus difficile, et je le regarde même comme impossible à
prescrire d'une manière absolue. Cependant, en choisis-
sant, dans les vides que laisse un embranchement irrégulier, des bourgeons paraissant vouloir s'y lancer, et supprimant ceux qui augmenteraient la confusion du côté
opposé, on peut ramener l'arbre à une forme régulière ;
mais, dans ce cas, une année souvent ne suffit pas ; l'on
ne peut réformer le sujet que par plusieurs tailles et ébourgeonnements successifs.

L'on n'est pas encore bien d'accord sur la forme la plus
avantageuse à donner au mûrier. Celle généralement adop-
tée chez les planteurs du midi, est la forme de vase ou go-
belet : cette forme est, il est vrai, très-gracieuse, elle
flatte le coup d'œil ; cependant, il s'en faut de beaucoup
que ce soit la plus avantageuse ; outre l'inconvénient d'obliger le planteur à une taille fréquente pour la maintenir,
elle a celui de faire tomber bientôt dans la confusion, par
rapport à la difficulté, quand l'arbre grandit, de placer dans
la ligne du cercle tous les jets nécessaires à la végétation.
Elle a, de plus, celui de perdre extérieurement et intérieu-
rement un grand espace, et de mettre les uns sur les autres des jets qui s'appauvrissent mutuellement. La forme
qui, je crois, est la plus avantageuse, est la forme de
boule ; celle qui occupe, à des distances à peu près régulières, tout l'espace que réclame le développement du sujet, sans vides ou interstices. Cette forme a l'avantage d'augmenter les produits, de les rendre plus faciles à cueillir, et

de donner à l'arbre un accroissement égal sur tous les points.

Ainsi, le premier avantage de l'ébourgeonnement est celui de maintenir l'arbre dans une forme régulière, ou de l'y ramener s'il ne l'a pas. Cet avantage est immense, et, pour l'avenir du sujet, d'une trop grande importance pour que l'on hésite à en profiter. La majeure partie des arbres négligés périssent partiellement faute d'avoir pratiqué l'ébourgeonnement. Abandonnés à eux-mêmes, quelques jets bien placés absorbent la plus grande partie de la sève pendant les premières années, et, plus tard, la prennent toute; les autres branches appauvries sont frappées de paralysie; les racines qui en étaient nourries pourrissent, et souvent communiquent aux autres la terrible maladie du champignon *mucor*, maladie contagieuse et qui peut entraîner, les uns après les autres, tous les arbres d'une plantation.

L'emplacement du bourgeon une fois déterminé, son choix n'est pas difficile. Celui du centre est ordinairement le plus beau, lorsqu'il ne lui est pas arrivé d'accidents. Sur la même bosselure, j'en ai compté jusqu'à six, cependant, il est plus ordinaire de n'en voir que deux ou trois. En règle générale, le plus vigoureux des trois doit être préféré lorsque sa direction paraît devoir être bonne; pour savoir distinguer le plus vigoureux, il faut attendre que les bourgeons aient atteint une longueur de huit ou dix centimètres; la nature, à cette époque, désigne déjà son préféré. On les enlève en leur donnant, à leur base, un mouvement de va-et-vient horisontal, afin de ne pas déchirer les épaulements, et découvrir par là les épaulements de celui qui reste. Cette opération doit être faite avant qu'ils pas-

sent de l'état herbacé à l'état ligneux, par un temps sec
et chaud. Je ne conseille pas d'utiliser, pour la nourriture
des vers, les bourgeons supprimés, à moins que les vers
ne soient très-jeunes. La feuille qui surgit immédiatement
après la taille, n'étant composée que du fluide ascensionnel,
ne contient pas encore des sucs suffisament élaborés et
pourrait être pernicieuse.

L'ébourgeonnement bien fait donne à l'arbre, outre une
forme régulière, une vigueur prodigieuse; les jets restants
absorbant, à eux seuls, toute la végétation de leurs rivaux
supprimés, acquierrent un développement surprenant. Il
n'est pas rare de voir, si l'arbre est vigoureux et bien
placé, des jets de deux à trois mètres de longueur, ayant
trois ou quatre centimètres de diamètre à leur base; bien
entendu que ce prodige de végétation ne se voit qu'après
une taille faite au printemps; celle faite après la feuille
cueillie n'offre jamais une végétation comparable.

§ IX.

Taille aux racines.

La taille aux racines ne devant être appliquée que comme
remède et dans certains cas pressants de maladies, trouve—
rait plus naturellement sa place au chapitre suivant; aussi,
dans ce paragraphe, je me contenterai d'indiquer la manière
de la pratiquer, me réservant d'indiquer dans le chapitre 9,
les cas où l'on est obligé d'y avoir recours.

Pour opérer cette taille, il faut sonder le terrain en

divers endroits, afin de reconnaître la grosseur des racines ;
cette reconnaissance sera plus ou moins éloignée de la tige,
selon l'âge du sujet et la perméabilité du sol ; pour les
sujets déjà vieux et dans un sol perméable, après dix années de plantation à demeure, les racines des mûriers ont
déjà une grande étendue. En règle générale, cette taille
aux racines ne peut s'opérer sans danger que sur des racines
d'un petit diamètre, et, dans le cas où l'on en rencontre-
rait quelques-unes principales dans le lieu où l'on pratique
une fouille circulaire autour de l'arbre, il convient de les
suivre sans les endommager jusqu'à un embranchement,
et là, on opère la section à un pied en dehors de l'embranchement avec un instrument bien tranchant, de manière à ne pas détacher leur écorce. La coupure doit être
faite en biseau, avec son orifice en dessous.

Lorsqu'on veut opérer la taille aux racines pour cause
de maladie, il convient également de s'assurer d'abord si
le mûrier a un pivot. Dans les sols humides, cette racine
pivotante est, lorsqu'on arrive au niveau des eaux stagnantes,
au-dessous de la superficie du sol, une cause unique des
diverses maladies qui affligent les mûriers de nos plaines.
Dans ce cas, il convient de le supprimer au-dessus du
niveau ordinaire des eaux, et si la suppression donne lieu
à une apparence de végétation plus satisfaisante, se contenter de cette suppression. Dans les localités qui n'ont
pas cet inconvénient des eaux stagnantes, les maladies
tiennent rarement à cette cause ; elles sont plus souvent occa-
sionnées par la cueillette des feuilles en temps inopportun :
alors la taille aux racines horisontales est un excellent
moyen, souvent indispensable.

La taille aux racines se pratique en faisant autour de l'arbre, à une distance proportionnée à son âge, une tranchée circulaire de la profondeur nécessaire pour atteindre les racines; quand elles sont coupées, on détruit, autant que possible, les pointes supprimées, en les suivant dans la direction qu'elles ont prises. Cette suppression est nécessaire, surtout si le mûrier est déjà atteint ou menacé du champignon mucor.

La tranchée que l'on a pratiquée autour de l'arbre doit rester ouverte pendant au moins cinq ou six jours, et la coupure être raffraîchie au moment où on la comble; l'intérieur du cercle décrit par la tranchée autour de l'arbre, être complètement remué jusqu'au niveau des racines restantes. Après cette opération, deux ans au moins de repos sont indispensables pour raviver le sujet. Il convient également de saupoudrer le fond de la chaussée d'un peu de poussière de chaux, afin de neutraliser les effets de cette terrible maladie.

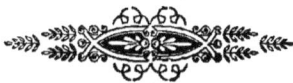

CHAPITRE IX.

§ Ier

Origine des maladies; symptômes et effets.

La majeure partie des maladies du mûrier ont leur source dans l'incurie ou la négligence des planteurs; celles surtout qui désolent nos plantations, et qui les déciment annuellement, n'étendraient pas leurs ravages si des soins bien entendus étaient donnés, et des précautions convenables étaient prises pour les prévenir.

Il en existe malheureusement d'une nature tellement grave qu'elles sont incurables; d'autres, dont les symptômes échappent aux yeux les plus clairvoyants. Ce n'est que lorsque le mal est sans remède que la maladie devient apparente, et l'arbre est frappé de mort avant que l'on ait pu deviner sa maladie.

Les précautions propres à prévenir le mal sont donc ce qu'il y a de plus important à bien observer. Ne rien négliger pour maintenir les arbres en bonne santé, est chose plus facile que de tenter des guérisons toujours très-douteuses.

Les plus graves maladies du mûrier sont , sans contredit, celles qui amènent le développement du *champignon
mucor* aux racines et au bas de la tige. Ces maladies sont
contagieuses et peuvent rapidement envahir une plantation
entière. Leurs symptômes , que je décrirai ultérieurement,
avertissent le planteur au moins six mois avant d'entraîner
la mort de l'arbre. Le champignon mucor ne surgirait jamais si l'on se donnait la peine de le prévenir par des précautions convenables.

Avant de déterminer les causes auxquelles s'attribuent
les diverses maladies qui affligent nos plantations, il est ,
je crois, important d'en faire ici la classification.

Les maladies des mûriers, comme toutes celles des
grands végétaux, peuvent se placer dans deux catégories.
Je nommerai les unes , *maladies organiques*, et les autres ,
maladies accidentelles.

J'entends par *maladies organiques*, celles qui amènent
un dérangement général ou partiel dans le système d'existence de l'arbre , et dont la cause est indépendante du fait
de l'homme , et tient ou à l'organisation primitive du sujet,
ou au sol où il est planté , ou aux transitions atmosphériques ; et par *maladies accidentelles* , celles qui résultent
d'un accident quelconque survenu au mûrier , et contre
lesquelles un remède immédiat peut agir avec succès ;
quelques-unes de ces dernières, néanmoins, peuvent dégénérer en *maladies organiques*, si un prompt secours ne
s'y oppose pas.

Les *maladies organiques* sont : le *rabougrissement* , la
pourriture des racines, la *paralysie*, les *ulcères chroniques*,
la *pleurésie* et l'*apoplexie*.

Les *maladies accidentelles* qui, excepté les *chancres blancs*, dégénèrent toujours faute de soins, en *maladies organiques*, sont : l'*asphixie*, l'invasion des *lichens*, celles des *larves* et des *punaises*, la *rouille*, la *jaunisse*, les *chancres blancs à la tige et aux branches*, le *chancre noir* et les *dégâts occasionnés par les rats*.

La cure des *maladies organiques originelles*, ainsi que celle de certaines maladies accidentelles, est sinon impossible, du moins très-difficile. Ces maladies sont plus faciles à prévenir qu'à guérir ; elles ont presque toutes leur origine dans le manque de soins, dans la cueillette des feuilles ou dans la taille opérée en temps inopportun. Celles, cependant, qui ont leur source dans l'organisation première du sujet, sont incurables. Si ce vice d'organisation vient de la graine ou de tout autre accident survenu au sujet dans son jeune âge, tel que le développement du chancre noir aux racines lors de sa transplantation, il vaudrait mieux arracher le mûrier et le remplacer par un autre bien portant, que d'en tenter la guérison. Une existance grêle, un aspect rachitique et rabougri, puis une mort lente terminera son existence, et la place qu'il aura occupée sera empoisonnée pour son successeur.

Pour devenir plus intelligible, j'ai pensé qu'il convenait de décrire une à une toutes les maladies dont j'ai fait plus haut la nomenclature, en commençant par leur symptômes, puis les causes qui les amènent, et les effets de ces causes, et en terminant par les moyens curatifs que l'expérience m'a démontré être les meilleurs.

MALADIES ORGANIQUES.

Le rabougrissement.

Cette maladie est très-commune dans nos contrées ; les sujets qui en sont atteints, ont une très-faible végétation : leurs feuilles sont jaunes et petites, leur écorce se couvre de mousse et de lichens dans les sols humides, ou bien, chez les jeunes mûriers, cette écorce devient *luisante* et prend une couleur jaune - verdâtre. L'on n'aperçoit à la tige aucune nouvelle *fissure* qui annonce son accroissement; ses pousses annuelles rabougries donnent à l'arbre l'aspect d'un buisson épineux, et sa feuille est très-adhérente.

Diverses causes amènent cette maladie : lorsqu'elle tient au vice d'organisation du sujet, elle est incurable. Lorsque, au contraire, elle tient au manque de soins, elle peut se guérir parfaitement.

On connaîtra que cette maladie tient à un vice d'organisation, lorsque, après avoir donné au mûrier les soins que je prescrirai plus bas, on ne pourra pas le ramener à une belle végétation. Si, au contraire, le rabougrissement tient au manque de soins, ou au dépouillement trop souvent répété de ses feuilles, ou à ce dépouillement fait en temps inopportun, il sera facile de l'en débarrasser.

Dans nos contrées, cette maladie a souvent sa source dans de mauvais procédés de plantation. Dans les sols calcaires argileux peu perméables, on creuse souvent un très-petit trou , et l'on y place le sujet sans nettoyer ou raffraichir ses racines. Cette opération mal entendue peut doublement occasionner cette maladie , soit par les chancres qui surgissent indubitablement aux racines et attaquent son organisation , soit par la difficulté que les nouvelles racines ont, à la deuxième année de la plantation , à percer les parois de l'espèce de vase dans lequel on l'a placé. Si , par suite de cette difficulté , elles tournoient dans le trou , ou si elles reviennent sur elles-mêmes , le rabougrissement ne peut se guérir que très-difficilement.

Une autre cause de rabougrissement dans tous les sols est la faute que commettent beaucoup de planteurs : celle de trop enfoncer le collet des racines. Dans tous les sols et tous les climats , cette profondeur ne doit pas excéder celle qu'avait le mûrier en pépinière ; dans ce cas, le rabougrissement est inévitable , et peut amener en très-peu de temps une autre maladie , la pourriture aux racines. Dans ces deux derniers cas de rabougrissement , l'écorce du sujet, de rugueuse et crevassée qu'elle était, devient luisante et jaune-verdâtre.

La cueillette des feuilles , faite en temps inopportun , c'est-à-dire par un temps froid et pluvieux , ou par un temps chaud suivi immédiatement d'une transition atmos-phérique du chaud au froid , peut amener le rabougrisse-ment, et l'on est heureux d'en être quitte à ce prix. Le refoul du fluide séveux donne souvent lieu à des maladies bien plus graves , et si le rabougrissement en est la seule conséquence , la guérison en est facile.

L'épuisement des bourgeons éventuels , destinés à

succéder annuellement aux bourgeons supprimés par la cueillette des feuilles, causé par cette cueillette trop souvent répétée, amène naturellement le rabougrissement. La majeure partie des mûriers de nos contrées sont malheureusement dans cet état fâcheux ; notre ambition en est la seule cause, et nos mûriers ne seraient ni rabougris ni malades, et nous donneraient de plus grands produits si nous leur appliquions une méthode de culture, de taille et de soins mieux réglée. Ce dernier cas de rabougrissement, que l'on pourrait plutôt appeler *épuisement*, a été décrit au § 5 du chapitre 8. Les moyens de le combattre y sont parfaitement indiqués.

Il existe une infinité d'autres causes de rabougrissement : une membrure mal faite, une trop grande quantité de branches, l'ensemencement de prairies artificielles, la négligence que l'on met trop souvent à affouiller et remuer le sol, les fortes lésions faites aux racines, à la tige et aux branches par les instruments aratoires ou par les échelles ou les souliers ferrés des cueilleurs de feuilles, etc. ; mais toutes ces causes, tenant à la négligence des cultivateurs, n'amèneraient aucun fâcheux effet si les causes elles-mêmes n'existaient pas. Ainsi, au paragraphe suivant, je me bornerai à indiquer les moyens propres à combattre le rabougrissement occasionné par un vice d'organisation ou par des accidents imprévus. Les soins propres à le prévenir ayant été indiqués dans le cours de cet ouvrage, je ne juge pas opportun d'y revenir dans ce chapitre.

De la pourriture aux racines.

La pourriture aux racines est une des maladies les plus terribles et les plus dangereuses du mûrier ; elle ne peut se combattre avec succès que lorsqu'elle a sa source dans un dérangement accidentel survenu à la partie supérieure de l'arbre, ou bien lorsqu'elle n'a attaqué qu'une partie des racines. Lorsque les racines sont toutes attaquées à la fois, le mal est sans remède, car les ravages de cette maladie ne deviennent apparents que lorsqu'il n'est plus temps d'y remédier.

Il existe cependant quelques symptômes précurseurs qui, reconnus à temps, peuvent, si l'on agit sans délai, donner quelques chances de guérison.

Ces symptômes sont : 1° la jaunisse et la chûte, au mois de mai, de quelques feuilles adhérentes au vieux bois ; 2° la couleur lie de vin que prend l'épiderme des racines, au lieu de la couleur jaune qui leur est naturelle ; 3° quelques pellicules couleur amaranthe, qui se détachent des racines en petites parcelles, plus ou moins grandes, suivant la dimension des racines ; 4° la couleur brune que prennent le liber et l'aubier des racines. (A cette période de la maladie, le mal est déjà très-avancé); 5° la couleur lie de vin qui se manifeste quelquefois dans les fissures de la tige ; 6° la mort des pointes des branches.

Cette maladie se développe dans deux hypothèses bien différentes, qui tiennent à la cause de la maladie elle-même. Elle peut provenir du sol et attaquer d'abord les racines, et alors elle commence dans les *chevelus* et marche vers le collet des racines ; ou bien, si elle tient à un dérangement dans la partie supérieure, elle commence au collet et gagne progressivement les extrémités des racines. Ainsi, la pourriture aux racines peut être elle-même la cause première de la mort de l'arbre, ou n'en être que la conséquence.

Toutes les maladies mortelles du mûrier amènent la pourriture des racines dans un temps plus ou moins long.

De quelle cause que provienne la pourriture des racines, il est bien rare qu'elle ne donne pas lieu au développement du *champignon mucor*, ce qui rend alors la maladie contagieuse. Aussi rien ne doit être négligé pour empêcher cette terrible maladie de surgir.

Les causes qui l'amènent sont nombreuses, et varient selon les lieux. La manière dont elle se déclare dépend des causes qui la font surgir. Je vais commencer par déterminer celles qui tiennent à l'état du sol dans lequel se trouve le mûrier en qui la maladie commence par les racines, en dehors de l'influence de la végétation extérieure.

Une des causes principales est le tassement du sol sur les racines, le manque d'air au collet et aux principaux embranchements. Dans les sols calcaires argileux, où le terrain se tasse rapidement, où il se forme ordinairement après la pluie une croûte superficielle compacte, cette maladie se déclare souvent, surtout si cette croûte n'est pas rompue, à l'époque de la cueillette des feuilles ; il arrive alors que le mûrier a perdu tous les organes propres à lui communiquer les bienfaits atmosphériques, et à lui faciliter les moyens de se débarrasser des substances impropres à sa végétation , qu'il est réduit à transsuder, par les pores de son *lignum* , ce qu'il devait perdre par sa partie her- bacée qui vient d'être supprimée ; et si le sol où se trouvent les racines n'est pas poreux et friable , cette transsudation ne peut avoir lieu à la partie inférieure , le fluide séveux s'y engorge , le *cambium* y fermente , et la pourriture aux racines s'ensuit immédiatement.

Dans le cas ci-dessus , je crois que deux causes se réunissent pour hâter le développement de la maladie : le manque d'air indispensable à la circulation de la sève , puis la différence du degré de chaleur qui existe à la su- perficie du sol lorsqu'il est tassé , avec celui de la région du sol où se trouvent les racines. Cette différence est si grande que je ne serais point surpris qu'elle ne fût la prin- cipale cause du développement subit de cette maladie , dans certains lieux où l'on n'a pas eu la précaution de rompre la croûte superficielle du sol au moment du dé- pouillement de l'arbre. Une expérience que j'ai faite l'année dernière (1839) , m'a donné le résultat suivant : deux mûriers âgés de dix ans , voisins l'un de l'autre , plantés dans un sol *calcaire–silicieux–argileux–chisteux* , ont été dépouillés le même jour et à la même heure. L'aire présumée des racines de l'un d'eux avait été tassée quelques jours d'avance , et arrosée pour y faire former une croûte superficielle compacte ; et celle de l'autre , binée et rendue friable. Vingt jours après , la végétation du dernier était en pleine vigueur, et celle du premier ne s'annonçait pas encore ; je voulus vérifier l'état des racines. L'épiderme était de couleur lie de vin , et se détachait en

petites feuillettes ; le liber et l'aubier étaient de couleur
brune au lieu de cette couleur blanc de lait qu'ils ont ordinairement ; les chevelus étaient déjà complètement pourris.
Ce qui m'étonna surtout, fut la température froide des
racines et de la région du sol qu'elles occupaient. Le
thermomètre donnait ce jour-là au soleil, à deux heures
après midi, 25 degrés Réaumur ; la superficie du sol tassé
donnait 28 degrés ; la région du sol occupé par les racines,
à 40 centimètres de profondeur, ne donnait que 10 degrés ;
ainsi, il y avait donc, entre la chaleur de la superficie du
sol et celle des racines, 18 degrés de différence ; et entre
la chaleur de la tige et des branches et celle des racines,
15 degrés. Il doit nécessairement, dans cette circonstance,
arriver au mûrier placé dans cette condition, ce qui arri-
verait à un homme qui aurait son corps et sa tête exposés
à un soleil brûlant, et ses jambes dans de l'eau froide ou
de la neige ; l'engourdissement, d'abord, de la partie
inférieure, puis toutes les conséquences de la non circulation du sang dans cette partie ; c'est précisément ce qui
arrive au mûrier ; la sève cesse d'abord de circuler, puis
elle se décompose et amène la pourriture des racines.

Je crois devoir rendre en entier compte de cette expérience : le mûrier dont je viens de parler est mort ; vingt
jours avaient suffi pour lui enlever tout principe de vie.

Celui dont l'aire avait été remuée et rendue friable,
est vigoureux et plein de santé. Je vérifiai également, à
la même époque, ses racines ; elles avaient conservé
leur couleur jaune ; la superficie du sol n'avait qu'un degré
de chaleur de plus que l'atmosphère, c'est-à-dire 26
degrés Réaumur ; et la région du sol occupé par les

racines, 18 degrés, ce qui constituait une différence de 8 degrés seulement, différence qui, je crois, est nécessaire à l'ascension du fluide séveux.

J'ai voulu répéter cette expérience en 1840 ; les mêmes préparatifs ont été faits et les mêmes résultats obtenus, quoique la chaleur de l'atmosphère n'ait pas été aussi élevée. Les ravages du mal ont été moins rapides ; le mûrier a même essayé de donner une apparence de végétation qui s'est bien vite arrêtée, et il eut indubitablement péri si je n'eusse rompu son aire et pratiqué aux racines une taille complète, et fait au collet des cautères dont la suppuration a été immédiate. Cette opération a été faite le douzième jour après le dépouillement de sa feuille. Les racines avaient déjà de nombreuses taches de couleur amaranthe, et le liber et l'aubier, une légère teinte rousse.

L'expérience que je viens de rapporter ici (le remède excepté) se fait tous les jours, et c'est la nature qui s'en charge. Les pluies d'averse et les chaleurs qui les suivent ordinairement occasionnent bien souvent cette fâcheuse maladie ; indépendamment des causes naturelles, l'incurie ou la négligence de quelques cultivateurs viennent encore en augmenter les ravages par des pratiques absurdes dont je vais parler immédiatement.

L'une de ces pratiques est l'entassement de matières fécales sur l'aire des racines. Le danger alors est bien plus grand, et le mal se développe plus rapidement. Tout le monde sait qu'un corps mis en fermentation ou en évaporation absorbe tout le calorique des corps voisins. La région du sol que les racines occupent, doit alors perdre du calorique dans la proportion de celui absorbé par les matières fécales mises en fermentation ; cela est si vrai que tous nos cultivateurs ont dû s'en convaincre, lorsqu'ils ont eu l'imprudence de faire des tas de fumier dans le voisinage de leurs arbres. Si quelquefois l'arbre n'a perdu qu'une partie de ses racines et n'a pas péri en entier, il n'en a pas moins sucé, dans cette fâcheuse circonstance, une cause de mort, à moins que la suppression immédiate de la partie attaquée n'ait été faite, ainsi que celle des branches qui en dépendaient.

Quelques personnes ont également la fâcheuse habitude de mettre, sur l'aire des racines, de la boue des chemins. Cette boue, en se sèchant, forme un mastic très-dangereux. D'autres éteignent de la chaux ou broient du mortier ; d'autres enfin, dans l'intention de donner de l'engrais à leurs mûriers, entourent le collet d'un tas d'engrais. Cette absurde pratique, outre qu'elle ne peut pas remplir le but qu'ils se proposent, puisque les végétaux n'absorbent les sucs terrestres que par l'extrémité des chevelus qui sont plus ou moins éloignés du collet, suivant la grosseur de l'arbre, a de plus l'inconvénient de priver d'air la partie du sol que ce fumier couvre, et, s'il se met en fermentation, de développer immédiatement au collet des racines le terrible champignon mucor.

Ainsi, le manque d'air occasionné ou par le tassement du sol, ou par l'entrepôt de matières compactes ou fermentescibles sur l'aire des racines, est la principale cause de cette maladie, lorsqu'elle a son principe dans la négligence des planteurs, et qu'elle commence par les racines. Dans tous les cas ci-dessus, cette maladie est d'autant plus dangereuse qu'il est bien rare que l'on puisse y remédier. Il existe d'autres causes qui amènent également la pourriture aux racines et qui la font commencer par elles, mais elles sont indépendantes d'accidents atmosphériques ou autres ; elles tiennent à l'état des lieux, à la nature du sol et au niveau ordinaire des eaux dans les terrains où les mûriers sont plantés.

Cette cause de pourriture aux racines est commune à toutes les plaines semblables à celle de Graisivaudan. Dans certaines localités, dont le sous-sol est silicieux ou graveleux, les eaux filtrent entre deux terres à une distance de la superficie qui varie suivant l'élévation du terrain au-dessus du niveau ordinaire des eaux ; dans d'autres, où une couche argileuse compacte se trouve à une profondeur de 80 à 100 centimètres, cette couche argileuse, en retenant les eaux de filtration ou les eaux pluviales quand elles sont abondantes, peut donner lieu à la pourriture des racines.

Cette maladie cependant n'envahit les plantations que plusieurs années après la plantation à demeure, lorsque les nouvelles racines pivotantes sont allées se loger dans l'humidité stagnante. Les ravages de la maladie sont lents et progressifs, et pendant plusieurs années l'arbre trouve dans ses racines horisontales les moyens de suffire à son existence. Ce n'est que lorsque la pourriture des racines pivotantes arrive à leur collet, que le *champignon mucor* se développe, et que le mal devient sérieux. Ce terrible fléau se propage rapidement, envahit en très-peu de temps tout le système et entraîne la mort du sujet.

De nombreux symptômes précurseurs avertissent cependant long-temps à l'avance d'un mal dont la majeure partie de nos cultivateurs ne s'aperçoit que lorsqu'il est sans remède.

Aussitôt que la pourriture des racines pivotantes commence, l'arbre prend la jaunisse, ses pointes périssent partiellement. Le rabougrissement, la paralysie partielle de ses branches, l'exiguité de ses feuilles, l'adhérence extrême de leurs pétioles, sont des symptômes assez apparents pour faire soupçonner le mal, lorsque toutes les précautions ont été prises pour prévenir tout autre accident. Quelques planteurs se contentent alors de supprimer les pointes mortes des branches, et ne s'inquiètent nullement de la partie inférieure ; d'autres n'y prennent pas même garde, continuent à effeuiller leurs arbres tous les ans, jusques à ce qu'un beau matin ils s'aperçoivent qu'ils ont un défunt. Le mal cependant, lorsqu'il se déclare, n'est pas sans remède ; sa guérison, au contraire, est sûre. J'en indiquerai le moyen aux planteurs de mûriers dans nos plaines, et je leur recommande d'y faire la plus grande attention. (Voir le paragraphe suivant.)

Lorsque la *pourriture des racines* arrive au collet (j'entends la *pourriture partielle*), il se manifeste alors des symptômes plus distincts. Le collet et les racines saines prennent dans cet endroit une couleur lie de vin très-prononcée ; si l'épiderme se détache en petites feuillettes de même couleur, le mal est très-grave ; alors les fissures de la tige prennent aussi la même couleur, et cette teinte se propage rapidement jusqu'à l'embranchement ; l'arbre essaie, mais en vain, de lutter contre une mort presque certaine ; la sève d'août termine ordinairement son agonie. En l'absence du champignon *mucor*, il faut quelquefois deux ou trois ans pour que la pourriture des racines pivotantes arrive au collet ; une fois là , comme ce champignon surgit toujours , six mois suffisent pour entraîner la mort de l'arbre.

Cette maladie n'est heureusement commune que dans les plaines humides , et si elle se déclare dans le coteau , elle ne tient qu'à quelques rares accidents d'eau stagnante , enfermée dans des sacs d'argile , ou à la présence de quelque source sans écoulement. Aussi , la suppression des racines pivotantes , impérieusement commandée dans les plaines , est-elle expressément défendue dans le coteau.

Les mûriers plantés dans le coteau ne sont cependant pas exempts de la pourriture aux racines ; mais, excepté les deux cas ci-dessus spécifiés , elle ne leur vient que par des accidents survenus à la partie supérieure , et cette pourriture est plutôt chez eux la conséquence d'une autre maladie que le principe. Elle peut leur venir également dans les cas d'incurie ou de soins mal entendus dont j'ai parlé plus haut.

La pourriture aux racines des arbres de coteau est bien plus dangereuse , et ses effets sont bien plus prompts que dans la plaine. Le sol du coteau , plus fermentescible et plus chaud que celui de la plaine , donne plus rapidement naissance au champignon *mucor*. Dans les sols calcaires surtout , dont la qualité fermentescible , loin d'être tempérée par un fort mélange de silex , est au contraire excitée par des mélanges d'humus , d'alumine ou d'argile et par l'engrais , les remèdes doivent être appliqués à l'apparition des premiers symptômes ; peu de temps suffit au mal pour devenir contagieux et faire périr le malade.

Il existe certainement bien d'autres causes secondaires du développement de cette maladie : le gel aux racines, l'invasion de certaines larves dont je parlerai ultérieurement, la dent des rats, la fermentation du *cambium* dans les tubes capillaires ; mais comme ces différentes causes peuvent plutôt être considérées comme des conséquences ou des effets adhérents à d'autres maladies dont je parlerai plus bas, je me réserve de décrire ces causes ou effets au fur et à mesure que les maladies auxquelles ils sont adhérents se présenteront à décrire.

Il me reste à parler de la pourriture aux racines, provenue d'un dérangement dans le système de végétation, par un accident qui en a interrompu violemment le cours. Dans cette hypothèse, la pourriture aux racines n'est que la conséquence d'une autre maladie qui la précède, et alors elle en est la dernière période ou la conclusion, et par conséquent incurable, si elle est générale, et pouvant se guérir si elle n'est que partielle.

Dans les maladies appelées *l'asphixie*, *l'apoplexie*, *la paralysie*, *la pleurésie*, et généralement dans tous les cas de mort, la pourriture des racines en est la conséquence inévitable. Elle s'opère ordinairement en commençant au collet, et se dirigeant vers les extrémités ; il n'existe, dans ce cas, aucun remède.

La fermentation et la décomposition du *cambium* commence, dans cette hypothèse, aux divers embranchements de la partie supérieure, et arrive rapidement au collet ; le champignon *mucor* se développe immédiatement, mais alors l'écorce de la tige et des branches ne prend pas, dans ses fissures, cette couleur lie de vin, qui ne se manifeste que lorsque la maladie marche du bas en haut ; l'écorce des racines, seulement, prend cette teinte rouge, qui est presque toujours un indice de mort. Le liber et l'aubier des branches et de la tige ont déjà cette couleur brune dont j'ai parlé, que ceux des racines ont encore leur blancheur. Il est vrai de dire que cette différence ne dure pas long-temps, surtout dans les cas d'asphixie ou d'apoplexie, huit jours suffisent pour tout niveler et éteindre complètement tout principe de vie. Six mois après la mort de l'arbre, l'écorce de la tige et des branches se détache, et le liber ainsi qu'une partie de l'aubier labourés par les larves, ne sont plus que poussière ; le cœur et l'aubier des racines sont en partie décomposés ; l'écorce des racines complètement pourrie, est, à l'intérieur, d'un blanc phosphorescent. Tel est l'aspect que présente le cadavre, et tel est le dernier symptôme des ravages du champignon *mucor*. Reste l'aire des racines empoisonnée pour le successeur, et la maladie inoculée aux voisins.

De la paralysie.

La *paralysie* est une maladie qui n'attaque le mûrier que partiellement ; elle amène toujours la mort de la partie attaquée, et entraîne le reste du corps de l'arbre si elle est négligée ; elle est toujours la conséquence d'un dérangement partiel, ou d'un accident survenu à une partie de l'arbre ; elle est quelquefois l'annonce d'une maladie sérieuse dont l'arbre est menacé ; ainsi, lorsqu'une racine est supprimée violemment ou atteinte de la pourriture précédemment décrite,

les branches qui lui correspondent sont paralysées d'abord,
puis elles meurent, et peuvent donner naissance à des
maladies plus graves, capables d'attaquer le corps entier ;
de même lorsqu'une ou plusieurs branches sont lésées ou
détruites en entier par l'un des accidents que je décrirai
plus bas, les racines immédiatement correspondantes,
ainsi que la partie des tubes capillaires y aboutissant, sont
momentanément paralysées, et à moins que les racines ne
trouvent, par la contexture ligneuse de l'arbre, le moyen
d'épancher tout ou partie des sucs que le sol fournit, il y
a stagnation de sève, fermentation de *cambium*, et souvent, ce qui est pire, développement du champignon
mucor.

En observant avec un peu d'attention la contexture
ligneuse du mûrier, on voit que les tubes capillaires sont
droits à partir du collet des racines jusques aux branches,
et qu'après avoir décrit une légère courbe à laquelle
les oblige l'embranchement, ils reprennent une direction
encore droite dans la branche immédiatement correspondante, si toutefois l'embranchement primitif a été
conservé. Il en est de même au collet des racines ; les
tubes capillaires correspondent directement à ceux de la
tige et par suite à ceux des branches, de telle sorte que
chaque racine envoie les sucs terrestres par une section de
tubes dépendant d'elles et correspondant directement à une
section de branches ; chaque branche, à son tour, hume
dans l'atmosphère les sucs aériens, et les transmet à la
racine qui lui correspond par les mêmes canaux. Cette
organisation explique ces paralysies partielles de racines
ou de branches, ce rabougrissement provenant des

embranchements mal faits ou mutilés , ces fâcheux effets
d'une taille sans principes, dans laquelle on supprime souvent
les branches essentielles ; en un mot , toutes ces différences
de végétation et d'accroissement d'une branche à l'autre
ou d'une racine à l'autre.

La *paralysie* peut donc envahir le mûrier du haut en bas
ou du bas en haut ; elle peut commencer par les racines
et avoir sa cause dans les branches, ou bien se déclarer
dans les branches et tenir son origine des racines. Toujours
est-il qu'elle n'est jamais que le résultat de la suppression
d'un principe de vie , d'un organe destiné à nourrir l'autre.

Quoique la paralysie dérange le système d'organisation
primitive du mûrier, elle n'en est pas pour cela une maladie
mortelle ; elle ne prend ce caractère que dans le cas où elle
est négligée. Une branche ou une racine peut exister
long-temps sans décomposition , quoique paralysée. Cependant, tôt ou tard , cette décomposition arrive , le bois des
branches sèche ou celui des racines se pourrit , et alors le
mal peut devenir général ; mais ce cas de *paralysie* , ou de
non végétation sans décomposition , ne se rencontre que
rarement. Chez un arbre déjà gros , la suppression subite
d'une racine ou d'une branche saine peut paralyser la branche ou la racine correspondante sans leur donner la mort
instantanément ; mais , dans le cas où la lésion qui détruit
l'une ou l'autre leur donne la mort sans les supprimer , la
décomposition suit la paralysie immédiatement , c'est-à-dire
que la branche ou la racine correspondante est paralysée
d'abord , meurt et se décompose après en très-peu de
temps.

D'après ce qui vient d'être dit , les symptômes de la

paralysie aux branches sont faciles à reconnaître : la jaunisse des feuilles, la cessation complète d'accroissement, en un mot le rabougrissement à sa dernière période, puis le dessèchement de la partie de l'écorce de la tige correspondante à la branche paralysée, et quelquefois son adhérence à l'aubier. Quant aux symptômes de *paralysie* aux racines, ils sont moins faciles à apprécier parce qu'il faut en chercher les indices dans les chevelus. C'est là qu'ils se manifestent d'abord ; ils prennent une couleur jaune orange et noircissent à l'extrémité ; le corps de la racine paralysée prend progressivement la même teinte, qui se change en couleur lie de vin, quand la mort arrive.

Aucun auteur n'a décrit cette maladie, ou du moins ne lui a donné ce nom. Quelques-uns lui ont improprement donné les noms de *coup de soleil*, *coup d'éclair*, *rabougrissement partiel*, etc. L'effet ou la cause ont toujours été pris pour la maladie elle-même, et les moyens curatifs ont été rarement prescrits positivement. Pour traiter convenablement une maladie, il faut en connaître parfaitement les causes, la manière dont elle se déclare et se développe et les ravages qu'elle peut exercer. Il me reste donc à faire connaître les causes principales qui m'ont paru y donner lieu le plus souvent.

La foudre, en frappant une partie de l'arbre, peut la paralyser complètement ; elle peut même, en tombant sur un arbre voisin, produire un cas de paralysie. J'ai eu, il y a quelques années, l'exemple de la première hypothèse. L'arbre qui en fut frappé était membré sur quatre branches et avait quatre principales racines. Deux branches et deux racines, et la moitié de la tige furent paralysées. La sup-

suppression immédiate que je fis de la partie offensée du haut en bas jusqu'au bout des racines et jusqu'au cœur de la tige, puis la taille de l'autre moitié au printemps suivant et deux années de repos, ont sauvé un mûrier qui eut indubitablement péri. Il y a trois ans, j'eus encore un exemple de la deuxième hypothèse : la foudre tomba sur un peuplier voisin d'un mûrier; l'étincelle électrique suivit les racines du peuplier jusqu'à leur extrémité; quelques-unes d'elles étaient probablement en contact avec celles du mûrier. Le même jour, toutes les feuilles d'une branche principale du mûrier flétrirent spontanément; une paralysie bien caractérisée avait atteint un tiers de l'organisation; la taille aux racines, atteintes à la distance de deux mètres du collet, quelques cautères sur la tige, et la taille des branches au printemps suivant, deux années de repos ont rendu à ce mûrier toute sa vigueur. Les cautères pratiqués le long de la tige ont donné une suppuration abondante qui a cessé à la deuxième année, et ils sont, après trois ans, presque complètement recouverts.

Lorsque la foudre atteint toutes les parties de l'arbre, l'effet qu'elle produit ne s'appelle plus *paralysie*, il prend le nom d'*asphixie*, et dans ce cas il est bien rare que l'arbre s'en tire. Je n'ai jamais eu occasion de donner des soins à un mûrier asphixié par la foudre, mais j'ai plusieurs fois tenté des moyens de guérison sur d'autres arbres et j'ai toujours échoué lorsque la flétrissure avait envahi toutes les feuilles.

Il est plusieurs espèces de larves qui attaquent le mûrier et peuvent occasionner chez lui, dans son jeune âge, des accidents de paralysie; celle de l'insecte, appelé perce oreille ou cure oreille, et qui a l'habitude, après la taille, de s'introduire dans la moëlle des branches, est une des plus dangereuses. Il en est d'autres qui s'introduisent dans l'écorce et qui la labourent entre l'aubier et le liber en tous sens. Si le sillon qu'elles tracent environne la branche, elle est à l'instant paralysée dans sa partie supérieure; si elles attaquent la tige, il est rare que leur sillon en fasse le tour, mais dans quelque direction qu'elles marchent, elles donnent naissance à un ulcère sanieux.

Les larves qui s'introduisent dans la moëlle, après la taille, sont d'autant plus dangereuses qu'elles entrent souvent dans cette moëlle jusques à ce qu'un embranchement les arrête, et si l'arbre a été taillé sur son premier embranchement et que les larves s'introduisent jusqu'à la première fourchure, l'arbre peut être paralysé ou périr, si la tige ne recelle aucuns bourgeons éventuels.

Une forte contusion à une branche principale près de la fourchure, dans sa partie extérieure surtout, peut amener une paralysie à la branche lésée d'abord, et par suite à la tige et aux racines. Ces fortes contusions sont faites souvent des deux côtés de la branche par les échelles des cueilleurs de feuille, et dessous, par ces mêmes échelles, la partie supérieure froissée ensuite par leurs sabots ou souliers ferrés. L'ascension du fluide séveux, interrompu dans cette partie, fait déclarer immédiatement la maladie. J'ai vu cet accident se reproduire souvent. Les précautions pour le prévenir sont très-importantes.

L'effeuillement d'une branche principale dans son entier, en laissant exister le feuillage des autres, est aussi une faute qui se commet souvent et qui ne manque jamais de donner la paralysie à la branche effeuillée. Il vaudrait mieux, si l'on a pas besoin de toute la feuille de l'arbre, achever de le dépouiller sans besoin, que de le laisser effeuillé en partie.

Pour se rendre exactement compte de ce qui se passe dans cette hypothèse, il faut se rappeler que l'ascension et la rétroaction du fluide séveux sont périodiques et réglées; qu'en effeuillant une partie de l'arbre et non l'autre, on dérange l'harmonie qui est indispensable à l'existence; que la partie non effeuillée continue ses fonctions, reçoit des racines et leur renvoie les sucs qu'elle absorbe au détriment de l'autre partie qui est privée de ses organes aspiratoires; qu'au moment où la branche est effeuillée, si cette opération est faite pendant la période d'ascension de sève, il y a chez elle refoul vers les racines, pendant que de l'autre côté il y a ascension; que, plus tard, lorsque les bourgeons éventuels auraient besoin d'être arrosés pour se développer, la branche effeuillée, forcée qu'elle est d'obéir au mouvement général de sève refoulante, reste assez long-temps privée du fluide ascensionnel pour que ses bougeons éventuels aient eu le temps de périr. Lorsque la sève ascendante reprend son cours, les tubes par lesquels elles devait s'épancher, sont contractés et en partie desséchés, la pointe des branches par où ce cas de maladie commence toujours, sèche d'abord, puis la *paralysie* gagne rapidement les subdivisions et la branche mère, de là, la partie correspondante de la tige, le collet et la racine qui en dépendent.

Une rouille partielle que quelques cultivateurs appellent *coup de soleil* ou *coup d'éclair*, peut donner lieu à un cas de paralysie. Dans nos pays, cet accident se présente assez souvent lorsqu'après une pluie, il survient une de ces courtes apparitions de soleil brûlant, qui produit une évaporation subite du côté où il frappe ; l'effet physique dont j'ai parlé plus haut a lieu, c'est-à-dire que la partie de l'arbre ombragée par celle que le soleil chauffe, se refroidit considérablement ; il y a, au midi de l'arbre, un appel de sève très-considérable, déterminée par la haute température à laquelle le soleil l'a fait monter, et au nord, il y a refoul de fluide séveux occasionné par le froid auquel cette partie est exposée par l'évaporation voisine. Ce dérangement, dans l'harmonie de végétation, fait jaunir d'abord l'une ou l'autre partie de l'arbre, plus souvent la partie au nord, puis la paralysie suit.

Cet accident est très-grave, parce qu'il n'arrive ordinairement qu'en été, et à cette époque, la taille qui est le seul moyen d'y obvier, n'est pas praticable sans danger, et en renvoyant l'opération au printemps suivant, il est rare que la maladie n'ait pas pris un caractère sérieux.

Il existe certainement d'autres causes qui donnent lieu à cette maladie, mais soit que beaucoup d'accidents ne se soient pas encore présentés à moi, soit que, malgré mes recherches, je n'aie pas pu les constater d'une manière positive, je m'arrête à ceux ci-dessus décrits.

Des ulcères chroniques ou cancers.

L'ulcère chronique est une plaie de laquelle découle une humeur sanieuse de couleur brune le plus souvent et quelquefois de couleur blanc de lait.

Cet épanchement extérieur a lieu pendant la végétation de l'arbre, et plus ou moins abondamment selon les diverses ȯscillations du fluide séveux. Le pus qui s'épanche est plus ou moins épais et varie de couleur, du brun marron au brun noirâtre, suivant qu'il appartient à la sève ascendante ou à la sève refoulante. La sève ascendante le colore moins que la refoulante et le rend plus liquide et plus abondant.

Ces ulcères peuvent surgir dans toutes les parties de l'arbre et être le résultat d'un accident ou d'un vice d'organisation; ils peuvent être plus fréquents ou plus dangereux suivant la qualité du sol ou selon les variations atmosphériques; ils se déclarent ordinairement dans tous les endroits où il y a eu solution de continuité dans les tubes capillaires.

J'ai rangé cette maladie dans les *maladies organiques*, parce qu'il est bien rare que l'arbre s'en débarrasse lui-même et qu'elle tient aussi souvent à un vice d'organisation qu'à un accident, et qu'elle attaque, suivant sa cause, tout ou partie du système de l'arbre. Elle pourrait à la rigueur, dans certains cas, être classée dans *les maladies accidentelles*, lorsqu'elle résulte d'un accident et au moment où elle se déclare; mais comme elle prend immédiatement un caractère chronique et rentre forcément dans les *maladies organiques*, je n'ai pas cru devoir établir cette division.

Lorsque cette maladie tient à un vice d'organisation, il est bien rare que l'arbre s'en tire seul, surtout si cet écoulement sanieux dérive d'un abcès et tient à une pourriture intérieure. Ce cas se présente souvent, dans les terrains humides, chez les sujets greffés au collet. La maladie placée là, est d'autant plus dangereuse qu'elle ne fait irruption à l'extérieur que dans le cas d'une forte lésion. Elle corrode ordinairement le cœur de l'arbre et donne naissance à la pourriture des racines qui sont immédiatement au-dessus de l'abcès. L'arbre meurt avant qu'on ait pu soupçonner le mal. La pourriture du chicot de la greffe au collet ne manque jamais d'avoir lieu, dans les terrains humides, dans un laps de temps plus ou moins long. Très-peu de mûriers greffés au collet atteignent l'âge de vingt ans dans nos plaines humides, surtout si les planteurs les ont enfouis trop bas. Dans les climats chauds et les terrains secs, cet inconvénient est moins à redouter.

L'écoulement sanieux chronique se manifeste aussi très-souvent dans la fourchure; il peut avoir diverses causes : une fourchure mal faite et trop serrée ou faite avec des branches jumelles et non échelonnées. Elle peut également dériver de la suppression d'une branche un peu forte qui se trouvait entre deux autres branches; cette suppression eut dû être faite plutôt, d'après les procédés d'ébourgeonnement prescrits aux chapitres précédents.

Après la suppression d'une branche entre deux autres, il se forme un bourrelet dont les parois, plus élevées que la section, forment, si la section est horisontale, un vase où séjournent les eaux pluviales. L'extrémité de la section pourrit, et plus tard, lorsqu'elle est complètement recouverte, l'abcès se forme, et l'écoulement commence lorsqu'il a déjà fait dans l'intérieur de l'embranchement de grands ravages. Cette grave maladie dont bon nombre de nos mûriers sont atteints, fait sentir toute l'importance de bien former le premier embranchement et de le respecter toujours, et le ridicule de ces tontes rases que se permettent bon nombre de nos tailleurs d'arbres. Combien d'arbres condamnés à une courte existence par ces fâcheux procédés de taille rase au moment de la transplantation! Y a-t-il quelque chose de plus désagréable à la vue que ces énormes têtards, que ces *caput mortuum*, que ce procédé placé justement à l'endroit où le mûrier devrait être le plus sain et le mieux organisé?

Il y a encore une pratique pire que celle-ci : dans quelques parties du midi et surtout dans la Drôme, quelques personnes suppriment complètement la tête de leurs mûriers en les plantant; l'arbre est obligé de se créer un nouvel embranchement, et d'enfermer par conséquent, dans le cœur de sa fourchure, la section de la tige. Les arbres soumis dans nos pays à cette sotte opération, n'existent pas long-temps, l'ulcère se déclare bientôt et les entraîne.

Je ne saurais assez le répéter : l'embranchement doit être sain, les tubes, les fibres, les filaments doivent commencer aux chevelus, se réunir au collet en un seul faisceau, se diviser à l'embranchement et se continuer jusqu'à l'extrémité des branches. La section de la tige établit une solution de continuité et place un corps mort dans l'embranchement nouveau. Il vaudrait mieux, lorsqu'on a eu le malheur d'opérer ainsi, choisir une branche pour faire suite à la tige et former un nouvel embranchement sur cette suite de tige, on laisserait au mûrier quelques chances de succès.

Un embranchement mal fait peut amener des ulcères lorsqu'il est formé de deux ou de trois branches jumelles, c'est-à-dire de branches issues du même bourgeon, elles ne tardent pas à se resserrer étroitement les unes contre les autres à leur base; l'effort qu'elles font pour se presser, est en raison directe de leur accroissement; cette pression qui va toujours en augmentant, finit par comprimer tellement les tubes capillaires de l'écorce intérieure, qu'elle en paralyse l'effet. La sève s'arrête à cette jonction, y séjourne, s'y corrompt et développe l'ulcère. Plus tard les branches se séparent et donnent lieu à de fâcheux accidents.

Cette maladie s'empare quelquefois des racines, mais elle y est toujours le résultat d'un accident ; les dégats occasionés par les rats, les larves ou les insectes qui les attaquent, les lésions qui y sont faites par les instruments aratoires, les suites de la gelée aux racines, peuvent faire surgir dans cette partie des ulcères d'autant plus dangereux, que leur présence est le moins soupçonnée ; leurs ravages ne deviennent apparents que lorsqu'ils déterminent un commencement de pourriture aux racines, et que la jaunisse ou la paralysie partielle des branches avertit de la présence du mal. A cette époque la maladie est très-grave et la guérison presque impossible.

La taille faite en temps inopportun, suivie d'un grand épanchement de sève, amène sur les principales sections, après quelques années, des ulcères, et ces ulcères ne se déclarent ordinairement que lorsque la section est complètement recouverte, il se passe là ce que j'ai dit plus haut : c'est la pourriture du bois à la section.

Une forte contusion à la tige pendant la végétation, qui en froisse l'écorce, donne lieu d'abord *à un chancre ou carie* ; mais si ce chancre ou carie n'est pas immédiatement opéré, il en résulte une plaie qui suppure. Le pus de la plaie s'agglomère entre le liber et l'aubier, décompose et pourrit le liber et attaque l'aubier, donne naissance à des milliers de petits vers ou larves qui enveniment la plaie. Quelques-uns d'entre eux s'introduisent dans le cœur de l'arbre ; le pus s'agglomère toujours et décompose le lignum qu'il touche; l'écoulement sanieux, premier indice du mal, se déclare lorsque l'écorce, complètement pourrie, lui laisse un libre passage; le mal alors, quoique facile à guérir, n'en est pas moins sérieux, la santé de l'arbre compromise et son accroissement paralysé, jusqu'après la guérison de l'ulcère.

Il existe des larves de scarabées, qui, à elles seules, occasionent aux mûriers des ulcères sanieux. Je n'ai pas pu savoir, d'une manière positive, à quelle famille elles appartiennent, soit que je les ai écrasées en les poursuivant dans les bois, soit que je ne me sois aperçu de leurs ravages qu'après qu'elles avaient terminé leur métamorphose et étaient disparues. Il paraît que les insectes qui fournissent les larves déposent leurs œufs dans le courant de l'été dans les fissures de l'écorce. Les larves, à leur éclosion, s'introduisent par un trou imperceptible, et le mal qu'elles font n'est apparent que lorsqu'il est sérieux. J'ai quelquefois découvert ces larves au moment de la formation du *cancer* ou *ulcère*. En examinant avec attention l'écorce de la tige, on aperçoit une transsudation qui rend humide la partie de l'écorce qui recouvre l'ulcère. Cet examen doit être fait le matin, parce que le soleil rend cette humidité invisible. En pratiquant une légère ouverture oblongue au sommet de la partie humide, on découvre bien vite le chemin de la larve. Aussitôt que les excavations qu'elle a pratiquées ont une issue, la sève qui y était agglomérée se précipite en dehors avec force; on entend même, si elle est gênée pour s'échapper, un léger sifflement; un épanchement considérable de sève a lieu par l'ouverture, si elle est proportionnée à l'étendue de l'abcès et ouverte de manière à le vider complètement. Ce sifflement et l'abondance de la sève qui s'épanche annoncent que tous les tubes aboutissant au sillon de la larve, attendaient l'ouverture de l'abcès pour se débarrasser des sucs qui les engorgeaient ; la stagnation de cette sève peut donner lieu à de très-graves accidents, occasioner d'abord une paralysie à toute la section que les tubes interrompus embrassent, et plus tard toutes les conséquences de cette maladie.

D'après les données qui précèdent, il est facile de voir que l'*ulcère chronique* commence par une lésion ou une contusion, et dans ce cas il est d'abord *chancre ou cancer*, jusques à ce qu'il dégénère en *ulcère sanieux*, ou bien par une solution de continuité aux tubes capillaires, intérieure-rement à l'écorce, ce qui, en empêchant la sève de se dégorger à mesure qu'elle y arrive, occasione un abcès qui devient également un ulcère. Ce cas est plus dange-reux que le précédent. Ou bien enfin, il peut provenir d'un vice d'organisation ou de conformation, et ce dernier cas est le plus dangereux de tous. Quoiqu'il en soit, la solution de continuité aux tubes capillaires est la seule cause qui donne naissance à ces dangereux émonctoires. L'interruption subite et violente de tubes capillaires vivaces et en fonction ; l'agglomération dans un sac ou poche des sucs que ces tubes y déposent ; la décomposition des fluides séveux au contact de l'air, telles sont les causes et tels sont les effets de cette maladie pour laquelle il existe heureuse-ment des moyens curatifs.

Quelques agronomes ont considéré cette maladie comme utile ; cette erreur est grande. Il serait certainement dan-gereux d'arrêter spontanément l'épanchement sanieux de l'ulcère avant d'en avoir détruit la cause ; mais il n'en est pas moins vrai qu'il vaudrait mieux que l'arbre ne fût pas ulcéré que de l'être ; un ou plusieurs cautères n'annoncent pas la santé. Quelques auteurs ont même conseillé de faire des trous à la tige pour prévenir certaines maladies. Cette pratique est absurde. Toutes les saignées que l'on pratique à un arbre doivent s'arrêter entre le *liber* et *l'aubier* ; le *lignum* vivace ne doit être percé ou endommagé que dans le cas où il faut opérer un abcès ou un ulcère. L'on ne doit se permettre de pratiquer des cautères aux arbres que dans les cas de maladies très-graves, et ces cautères ne doivent pas dépasser la profondeur ci-dessus prescrite.

Quelques ulcères donnent lieu à une suppuration ou épanchement extérieur d'une couleur blanc de lait. Ceux-ci sont vraiment dangereux, ou du moins sont l'indice d'une maladie grave. Cet épanchement blanc part de la moëlle de l'arbre, et annonce, pour le moins, une *carie* dans cette partie. Il dérive ordinairement de la pourriture du cœur ou de celle des principales racines pivotantes. Cet épanchement blanc, lorsqu'il ne vient pas d'une plaie profonde, rentre dans la catégorie des chancres blancs, et ne dépasse pas le liber. J'en parlerai ultérieurement.

Cet ulcère avec épanchement blanc, provenant de la moëlle, est commun aux mûriers auxquels une taille vicieuse, dans leur jeune âge, a formé une tête morte dans l'embranchement et à ceux chez lesquels la moëlle de la tige ne s'arrête pas à une fourchure primitive et régulière. C'est ordinairement la maladie qui les entraîne de bonne heure.

De l'apoplexie et de l'asphixie.

L'*apoplexie* des grands végétaux, que quelques auteurs ont confondue avec l'*asphyxie*, est une maladie très-sérieuse. Elle embrasse tout le système de l'arbre, éteint spontanément son existence, et lègue aux propriétaires un cadavre, avant qu'on ait eu le temps de s'apercevoir du mal. Elle atteint de préférence les mûriers les plus vigoureux, et au moment où l'on soupçonne le moins sa présence; quarante-huit heures suffisent pour éteindre tout principe de vie dans le sujet qui en est frappé.

Quoique ses résultats soient les mêmes que ceux de l'*asphyxie*, elle diffère d'elle dans les causes qui la déterminent; elle frappe les mûriers en pleine végétation et couverts de leurs feuilles; tandis que l'*asphyxie* n'est occasionée que par la suppression des feuilles et la privation des organes aspiratoires. L'apoplexie, par le refoul de sève, étouffe et engorge la partie inférieure; dans l'asphyxie, c'est la partie supérieure qui est étouffée. Dans l'une, la mort commence par les racines, et dans l'autre, par les branches; de telle sorte que, dans l'asphyxie, les branches sont étouffées par le fluide séveux et les racines frappées d'apoplexie; et dans l'autre, l'effet inverse: les branches frappées d'apoplexie et les racines étouffées. Il y a donc similitude entre ces deux maladies; l'une tient à l'ascension du fluide séveux et l'autre à sa rétroaction. Dans l'une, la décomposition commence par les racines et et dans l'autre, par les branches.

Toutes deux amènent la pourriture des racines et développent le *champignon mucor* ; dans le cas d'*apoplexie*, plus rapidement que dans l'autre.

J'ai cru devoir pousser à bout les rapprochements qui existent entre ces deux terribles maladies ; mais maintenant je sens le besoin de parler de chacune d'elles séparément, afin de bien déterminer les causes et les effets de chacune, et devenir plus intelligible.

Les causes qui déterminent l'*apoplexie* sont peu nombreuses, elles sont indépendantes du fait de l'homme, et tiennent aux variations atmosphériques. C'est toujours une transition subite d'une température chaude à une froide. Tout ce qui a été fait pour donner aux mûriers une belle végétation, devient, dans cette circonstance, plutôt nuisible qu'utile. L'engrais, les binages, les pluies chaudes et fertilisantes ; en un mot, tout ce qui doit faire prospérer, devient, dans ces moments de transition atmosphérique, un ennemi dangereux. Ces cas d'*apoplexie* sont, heureusement, très-rares ; ils ne se sont présentés à moi que cinq ou six fois depuis vingt ans. On ne peut pas même ; comme pour certaines maladies, les produire soimême ; il faudrait pouvoir produire les variations atmosphériques. Toujours est-il qu'une scrupuleuse observation m'a convaincu que cette maladie n'atteint jamais qu'un sujet vigoureux, bien fumé, et dont l'aire nouvellement remuée, a reçu, au moment du plus fort de la végétation, une pluie chaude, et puis une transition subite d'un jour brûlant à une nuit froide, suivie d'un second jour chaud, circonstances indispensables pour produire l'*apoplexie*. J'ai remarqué également que cette maladie ne se développe qu'à la sève du printemps, et toujours après le plein de lune, c'est-à-dire au moment où le fluide séveux est ascendant. C'est en pleine lune de Mai que cette maladie m'est toujours apparue.

Toutes les observations qui précèdent m'ont persuadé que la cause déterminante de cette maladie est dans les transitions atmosphériques ; que ces transitions produisent une contraction dans la partie supérieure, et déterminent un refoul de sève vers les racines. Dans ce moment, les racines, qui ne sont pas soumises à la même température que les branches, parce qu'elles se trouvent dans un sol mis en fermentation par l'engrais, le binage et la pluie, continuent leurs fonctions, absorbent une grande quantité de sucs qui se dirigent vers le collet ; là, ces sucs rencontrent la sève refoulante qui leur barre le passage ; les conduits s'encombrent ; la sève refoulée se coagule et arrête la circulation. Si une journée chaude succède à ces premiers effets de la maladie, le soleil achève ce que le froid avait commencé : il flétrit et dessèche les organes aspiratoires, les tubes des jeunes pousses se resserrent, et ne produisent plus cet appel de sève pour lequel leur dilatation est indispensable, et l'arbre est frappé de mort complète le troisième jour, à moins que l'opération qui peut le sauver, ait été faite immédiatement.

Il est donc bien important pour les planteurs qui possèdent des plantations peu aérées, dominées par des montagnes élevées, où la chaleur du jour peut être très-intense dans certains moments, où les transitions atmosphériques sont fréquentes, de visiter leurs plantations dans le moment de ces transitions. Dans le midi de la France, où le vent de

nord-ouest ou *mistral* succède souvent à un soleil brûlant,
où les mûriers, mieux fumés et mieux cultivés que dans
nos pays, ont une végétation plus riche, une circulation
de sève plus active que les nôtres, cette maladie se rencontre souvent, et impose aux planteurs l'obligation de
ne pas négliger cette visite à leurs plantations. On peut
se dispenser de visiter ceux qui sont, comme la majeure
partie des mûriers qui peuplent notre département dans un
état de végétation qui ressemble plutôt an rabougrissement,
dont l'aire remuée une fois l'an, encore pas toujours, pour
y semer des céréales ou des prairies artificielles, ne fournit
aux racines que juste ce qu'il faut pour entretenir leur
maigre existence.

Il ne faudrait pas conclure de ce qui précède, qu'il ne
faut ni fumer, ni biner les mûriers, dans la crainte de
les rendre apoplectiques. Il y a des *jours fastes* et des *jours
néfastes* pour les meilleurs procédés. Une bonne époque pour
fumer les plantations, est l'automne, ou au plus tard le
mois de mars, et le premier binage du printemps doit être
donné en même temps; le second, après la feuille cueillie,
afin de prévenir l'*asphyxie* ou les autres maladies organiques précédemment décrites. Le terrain remué en mars
est un peu tassé lorsque la forte sève de mai arrive, et
comme il a perdu une partie de ses qualités fermentescibles,
les sucs qu'il fournit sont moins abondants, et ne risquent
pas de donner lieu à l'*apoplexie*. Tous les cas de cette maladie que j'ai remarqués se trouvaient dans l'hypothèse dont
j'ai parlé.

Malgré la promptitude que l'on peut mettre à porter
remède à cette maladie, la cure n'en est pas toujours sûre.

Le seul symptôme apparent, qui est la flétrissure des pousses nouvelles, n'arrive souvent que quelques jours après l'attaque et lorsque le mal est sans remède. Si deux ou trois jours de pluie succèdent à l'attaque, l'humidité de l'atmosphère entretient la fraîcheur aux feuilles, et lorsque le soleil vient rendre le mal apparent, l'arbre est mort. Sur cinq mûriers que j'ai opérés dans le cas d'*apoplexie*, deux seulement ont été sauvés. Les trois qui ont péri s'étaient trouvés frappés par l'effet d'une transition du chaud au froid, suivie d'une pluie de plusieurs jours. Lorsque je fis l'opération, la sève était coagulée ; je la fis cependant à l'apparition des premiers symptômes (la flétrissure des feuilles).

Après la mort de l'arbre, l'écorce de la tige et des branches se dessèche et devient adhérente. Le liber et l'aubier restent secs et ne pourrissent pas. Au bas de la tige, vers le collet, au contraire, et dans toutes les racines, le *cambium* se met en putréfaction, il corrode l'aubier des racines et en pourrit complètement l'écorce. Le phénomène inverse a lieu dans la maladie appelée l'asphyxie ; la pourriture de l'écorce et de partie de l'aubier a lieu à la tige et aux branches, et les racines restent saines, à moins que l'arbre ne soit laissé en place, et que la pourriture ne leur vienne de l'humidité du sol après la mort complète de la partie supérieure. Je développerai, en parlant de l'asphyxie, les causes auxquelles j'attribue ce résultat. Dans la tournée que j'ai faite en 1840, comme instructeur à la culture du mûrier, j'ai rencontré plusieurs fois ce phénomène, entre autres à la Tronche, dans la plantation de M. G.... Plusieurs mûriers âgés d'environ

20 ans, avaient été, en 1839, frappés d'asphyxie ; on les arrachait en 1840 ; leurs tiges et leurs branches avaient leur écorce complètement décomposée, et leurs racines étaient encore saines.

De l'asphixie, de ses causes et de ses effets.

L'*asphyxie*, dont les causes sont différentes de celles de l'apoplexie, et dont les effets et les résultats sont, en définitive, les mêmes en ce qu'ils éteignent subitement l'existence de l'arbre, n'est cependant pas aussi dangereuse que l'*apoplexie*. Ses désastres sont moins rapides, et donnent aux planteurs le temps d'y porter remède.

Elle atteint indifféremment les sujets vigoureux ou languissants. Elle est occasionée par la suppression des organes aspiratoires. Elle ne se déclare qu'après la cueillette des feuilles et dans l'intervalle qui s'écoule entre l'enlèvement de la première feuille et le brouissement de la deuxième. Elle n'est réellement dangereuse que parce que ses symptômes peu apparents échappent presque toujours aux cultivateurs, même les plus soigneux.

Une taille faite en temps inopportun peut également y donner lieu, surtout si cette taille est pratiquée au moment de la plus forte végétation. La taille en vieille lune de mai est la plus dangereuse, pour nos pays surtout ; elle est désastreuse, très-peu de nos mûriers pourraient y résister pendant deux années consécutives.

Il y a cette différence entre l'*asphysie* et l'*apoplexie*, que dans l'une le mal arrive par un refoul de sève au moment

où elle devrait monter , et dans l'autre par une ascension
au moment où elle devrait refouler , ou par l'épanchement
complet de la sève contenue par les branches et la tige ,
suivie de stagnation de sève (Dans ce cas l'*écorce* sèche
et devient adhérente). L'asphyxie se déclare ordinairement
lorsque l'arbre a été dépouillé de sa feuille pendant le court
temps d'arrêt qui a lieu entre l'oscillation des deux sèves ,
ou immédiatement après que le mouvement ascensionnel
de la sève a commencé. Cette hésitation entre le mouvement ascendant ou le mouvement refoulant dure , si une
transition atmosphérique ne le décide pas spontanément,
trois ou quatre jours. Le mûrier , dépouillé de sa feuille
dans ce moment , perd , par les blessures que lui fait la
cueillette , toute la sève que contenait ses branches ; pour
que cette perte ne fût pas mortelle pour l'arbre, il faudrait
qu'elle fût remplacée ou par le fluide ascensionnel , ou
par les substances aériennes. D'une part , le fluide ascensionnel se trouve à sa période de rétroaction , et de
l'autre , la suppression violente des organes aspiratoires prive
l'arbre des moyens de humer dans l'atmosphère de nouveaux principes de vie. Ce cas d'asphyxie se présente dans
les moments pluvieux et frais , et lorsque l'aire de l'arbre
est serrée et compacte ; si , au contraire , l'aire a été remuée
depuis peu , et que la période ascensionnelle commence ,
et qu'il fasse un temps chaud , l'épanchement extérieur de
la sève donne souvent lieu à une ascension considérable
de sève qui se précipite avec force dans les canaux qui
viennent d'être vidés par l'épanchement. Les déchirures
par où l'épanchement a eu lieu , contractées après vingt-
quatre heures par la chaleur, ne laissent plus passage à un

épanchement qui devient indispensable, la sève n'ayant
aucun moyen de se débarrasser de ses parties gommo-
terreuses par la transudation ou par les feuilles où elle
devait s'épancher, se coagule et donne lieu à l'asphyxie.
Ce dernier cas d'asphyxie a lieu plus souvent au commencement de la période ascensionnelle du fluide séveux qu'à
la fin, et le cas précédent plutôt à la fin de cette période
qu'au commencement.

Ces deux maladies graves et subites (l'asphixie et l'apoplexie) ont presque toujours lieu pendant cette période
ascensionnelle. Les symptômes de l'asphyxie sont peu apparents pendant les huit ou dix premiers jours qui suivent la
cueillette des feuilles. Le dessèchement des bourgeons
éventuels est le seul indice du danger, mais il faut une
grande attention pour s'en apercevoir, les bourgeons d'épan-
lement sont si petits qu'il est assez difficile de bien
reconnaître leur état, sans en avoir une grande habitude.
Les symptômes ne deviennent positifs que lorsque la deuxième végétation commence. Si un ou plusieurs mûriers,
soumis aux mêmes conditions de sol et d'atmosphère que
leurs voisins, ne brouissent par leurs feuilles en même
temps que les autres, il est à craindre qu'ils ne soient
asphyxiés ; à cette époque on est souvent à temps d'y rémédier. Les ravages de l'*asphyxie* sont plus lents que ceux de
l'*apoplexie*; dans le cas de surabondance du fluide séveux
dans la partie supérieure par un temps chaud, la sève dilatée
par la chaleur se coagule difficilement, à moins qu'elle
contienne une surabondance de gomme, et dans le cas d'absence de sève produite par l'épanchement extérieur par un
temps frais et humide, il faut du temps pour que les bour-

geons se dessèchent et l'écorce devienne adhérente. Ces
deux circonstances, qui accompagnent toujours l'une ou
l'autre les cas d'asphyxie, donnent le temps de porter aux
malades les secours dont ils ont besoin.

Dans le cas d'asphyxie produit par une taille faite en
temps inopportun, les mêmes causes se réunissent pour
produire les mêmes effets, mais plus souvent la privation
de sève après l'épanchement résultant de la taille, que la
surabondance de fluide séveux. La taille opérée en temps
prohibé produit d'abord un épanchement, puis un refoul
de sève. La privation des organes aspiratoires et des branches par la taille, met l'arbre dans l'impossibilité de trouver
dans l'atmosphère ce que le sol lui refuse ; aussi, à moins
que la taille n'ait été qu'un épointage, il est bien rare que
la pourriture de l'écorce des branches et des racines ait
lieu dans le cas d'asphyxie produit par la taille.

Le résultat de l'asphyxie est, ainsi que je l'ai dit en
traitant de l'*apoplexie*, la décomposition de la partie supérieure ou la dissécation de cette partie, suivant que sa
cause git dans la surabondance de sève ou dans son
absence complète.

Dans le cas de surabondance, l'aubier et le liber prennent, au bout de dix à douze jours, une couleur brune ; la
sève coagulée les détache l'un de l'autre, fermente entre
deux, et donne, par sa fermentation, naissance à des
myriades de larves ou cirons qui les rongent ; cinq ou six
mois après la mort du sujet, l'écorce se détache, et une
grande partie de cette écorce ainsi que la superficie du liber
tombent en poussière. Dans le cas d'absence de fluide
séveux, les branches se dessèchent en commençant par les

pointes, l'écorce devient adhérente progressivement du sommet de l'arbre jusques au collet; dans l'un et dans l'autre cas les racines restent saines pendant sept à huit mois au moins, si l'humidité du sol ou toute autre cause n'en hâte pas la décomposition.

Quoique l'*asphyxie* soit une maladie grave qui attaque le système entier de l'arbre et lui donne la mort, elle n'en est pas moins, d'après la distinction que j'ai établie au commencement de ce chapitre, une *maladie accidentelle*. Elle résulte toujours d'un accident provenant du fait de l'homme, étranger aux variations atmosphériques au sol et au climat; elle ne se présenterait jamais si l'on ne dépouillait pas le mûrier ou si on ne le taillait en temps inopportun. Si, pour sa description, j'ai devancé l'ordre établi au commencement du traité des maladies, c'est que j'y ai été obligé par les rapports qui existent entre cette maladie et l'*apoplexie*, et pour mieux faire comprendre les causes qui l'amènent et les effets qu'elle produit, afin qu'à l'avenir on ne les confonde pas comme on l'a fait jusqu'à présent.

De la pleurésie.

La *pleurésie* est une maladie dont aucun auteur n'a encore parlé. Elle existe cependant; elle attaque tout ou partie de l'organisation; elle est souvent le prélude d'une maladie plus sérieuse; elle ne donne pas la mort, mais elle dévance et cause souvent une des maladies précédemment décrites.

J'ai cru devoir donner le nom de *pleurésie* à ces jaunisses subites, à ces interruptions de végétation occasionées par les transitions atmosphériques du chaud au froid. L'arbre ne meurt pas, mais à dater du moment où il a essuyé cette transition, il cesse de végéter, il languit et se rabougrit dans les sols les mieux cultivés et amendés tout aussi bien que dans ceux qui ne le sont pas.

Cette maladie se déclare rarement pendant la période ascensionnelle du fluide séveux, mais au contraire pendant la période de rétroaction. Dans la période d'ascension, une transition atmosphérique donne l'*apoplexie*; il est bien rare que cette dernière maladie ne soit pas mortelle, tandis que la *pleurésie* ne l'est jamais subitement, mais elle le devient par la suite, si on la laisse dégénérer en maladie chronique; elle devient alors une espèce de maladie de langueur, qui éteint à la longue le sujet, et le fait finir ou par la *paralysie*, ou par la pourriture des racines.

Les causes qui l'amènent sont les mêmes que celles qui déterminent l'*apoplexie*, mais les effets en sont différents; cette différence tient à l'époque où l'arbre éprouve la tran-sition atmosphérique. Ses effets ressemblent un peu à ceux de l'*asphyxie*, en ce qu'il y a absence d'absorption aérienne, et diffèrent néanmoins de ces effets en ce que cette absence d'absorption a lieu en présence de tous les organes aspira-toires de l'arbre. Ainsi cette maladie tient le milieu entre l'*apoplexie* et l'*asphyxie*, ressemble à l'une par ses causes, et à l'autre par ses effets, et diffère de toutes deux par ses résultats.

Pour rendre cette définition tout à fait intelligible, il con-vient de démontrer clairement ce qui se passe au moment où l'arbre est atteint de cette maladie, et de revenir un peu sur les principes généraux de la végétation.

Plusieurs substances concourrent à la formation et à l'accroissement des végétaux ; pour ne pas entrer ici dans de
trop grands détails, sur la nature des substances, je me
bornerai à rappeler à mes lecteurs que l'arbre vit et grandit,
d'un côté, par l'ascension des sucs terrestres ou acqueux
qui forment le fluide séveux ascensionnel, et dans l'autre,
par la rétroaction des fluides aériens destinés à se combiner
avec les fluides terrestres et à former le *lignum*, ce qui constitue la sève refoulante ou ascendante. Ces deux principes
de végétation sont indispensables à la vie des végétaux ; le
moindre dérangement dans le mouvement régulier de l'un
d'eux amène des maladies très-graves. Ainsi le refoul subit
et forcé du fluide ascensionnel donne l'*apoplexie*, lorsque
ce fluide n'est pas immédiatement remplacé par les fluides
aériens. La suppression complète des organes aspiratoires,
au moment où ils doivent fonctionner, procure l'*asphixie*,
et la *pleurésie* est produite, lorsque ces mêmes organes aspiratoires en pleines fonctions sont tout à coup contractés par
le froid et cessent de fournir à l'arbre ses aliments aériens
au moment où il doit en vivre. Ainsi, ces trois maladies
sont produites, savoir : l'*apoplexie*, par les sucs terrestres
et acqueux refoulés de force vers les racines ; l'*asphyxie*, par
les mêmes sucs encombrant la partie supérieure ; et la *pleurésie*, par l'interruption subite du mouvement rétrograde de
de la sève aérienne. Dans cette maladie, toutes les fonctions
de l'arbre sont suspendues instantanément ; elle produit un
espèce d'engourdissement ou de léthargie, et les effets de
cette léthargie sont la jaunisse d'abord, puis le rabougrissement ou, pour mieux dire, la cessation d'accroissement.
L'*apoplexie* ne peut avoir lieu qu'au plus fort du mouvement

ascensionnel de la sève, la *pleurésie* au plus fort du mouve
ment inverse, et l'*asphyxie* pendant le temps d'arrêt qui
divise ces deux mouvements.

Si je me suis longuement étendu sur la définition, la
différence ou l'analogie qui peuvent exister entre ces trois
maladies, sur leurs causes, leurs symptômes et leurs effets,
c'est que j'ai pensé que ce qu'il y a de plus important à
bien connaître, est l'origine et le siége du mal; les soins
propres à le prévenir ou le remède à y apporter sont ensuite
plus faciles à deviner. Ce qui m'a de plus engagé à y revenir plusieurs fois et à les mettre en parallèle, c'est que les
moyens qui préviennent ou guérissent l'une, sont insuffi-
sants ou contraires à l'autre, et doivent varier ou se
modifier comme les causes qui les ont produites.

Jusqu'à présent je n'ai parlé de la *pleurésie* que comme
attaquant la partie supérieure de l'arbre tout entière. Il me
reste à parler des cas où elle ne l'attaque que partiellement.
Dans la présente hypothèse, elle n'est que le prélude d'une
autre maladie.

Lorsqu'elle attaque une ou plusieurs branches et que
son irruption tient à la volatilisation subite de l'humidité des
feuilles d'une partie de l'arbre, et que cette évaporation
produit un refroidissement subit de la partie de l'arbre
ombragée par l'autre (ce cas est décrit au titre de la *paralysie*), elle prend alors le caractère de la *paralysie*. La
partie sur laquelle le froid a agi, en contractant les organes
aspiratoires, jaunit d'abord, se paralyse après et périt
ensuite. Je crois avoir suffisamment indiqué ce cas de
pleurésie dans la description des diverses causes de paralysie;
je n'y reviendrai pas.

La pleurésie peut également frapper les racines ; l'expérience que j'ai rapportée au titre de la *pourriture des racines*, en est un exemple. Dans ce cas comme dans le précédent, elle est le prélude de la pourriture et doit être considérée comme la cause d'une maladie, plutôt que comme la maladie elle-même. Je ne crois pas devoir y revenir.

Ici se termine la description des maladies que j'ai appelées *organiques*. Elle est sans doute très-incomplète ; malgré toute l'attention que j'ai pu mettre à les observer, je suis convaincu qu'une infinité de choses m'ont échappées. Ce n'est qu'en tremblant que j'ai abordé des questions aussi délicates et aussi difficiles ; mais j'espère que la bonne foi que j'y ai mise et ma bonne volonté, rendront indulgents ceux de mes lecteurs qui, plus instruits que moi, sont mieux au courant des secrets de la nature.

MALADIES ACCIDENTELLES.

Des chancres blancs et caries.

Le *chancre blanc* ne se déclare jamais qu'à la tige et aux branches. Je lui donne le nom de *chancre blanc* pour le distinguer du chancre commun aux racines et qui est toujours noir.

Cette maladie très-connue et très-bien décrite par les divers auteurs qui m'ont précédé, occupera peu de place dans ce chapitre.

Les causes qui donnent naissance aux chancres sont nombreuses, mais elles tiennent toujours à la négligence ou à l'incurie des planteurs. Les chancres sont toujours occasionés par une lésion ou contusion à l'écorce. Les instruments aratoires, les échelles des cueilleurs de feuille, leurs sabots ou leurs souillés ferrés, le frottement des tiges ou des branches contre un corps dur, contre un tuteur noueux, les lésions que les jeunes mûriers reçoivent dans leur transport de la pépinière au lieu où ils doivent être placés à demeure, etc., sont les causes qui donnent lieu à cette maladie, qui, sans être dangereuse pour le moment, nuit d'abord beaucoup à l'accroissement de l'arbre, et plus tard peut donner lieu, si la carie succède au chancre, au développement d'ulcères dangereux.

La contusion produit sur l'écorce dont elle brise les fibres et détruit la capillarité, une solution de continuité dans ses tubes; comme la lésion la sépare ordinairement de l'aubier, il se fait dans cette partie un épanchement de sève qui fermente et la décompose en même temps qu'il corrode l'aubier. Cette fermentation donne naissance à un millier de larves ou cirons qui enveniment la plaie et la font souvent dégénérer en ulcère, si elle n'est pas opérée à temps.

Dans le jeune âge des mûriers, ces chancres nuisent beaucoup à leur accroissement. Ceux surtout qui sont occasionés par les lésions faites dans le transport, ou par le frottement des tiges ou des branches contre des tuteurs noueux, peuvent plus tard devenir la cause de leur mort. Il est bien rare que l'aubier dénudé ne se carie pas pendant le laps de temps qu'il faut aux bourrelets latéraux pour recouvrir la plaie; aussi, lorsque les lèvres des bourrelets se joignent, on voit presque toujours entr'elles un léger écoulement sanieux qui annonce un principe d'ulcère.

Lorsque la lésion ou contusion n'embrasse pas un trop grand espace de l'écorce et qu'elle est opérée immédiatement, elle n'est pas bien dangereuse. Si l'opération a été bien faite, il faut très-peu de temps pour réparer le mal; la nature, dans ce cas, agit avec célérité. Mais, au contraire, si la contusion embrasse toute la section des tubes capillaires correspondant à une ou plusieurs racines et que l'opération ne soit pas immédiate, alors la paralysie de cette section de tube et la pourriture de la racine correspondante, peuvent être la conséquence de la négligence du cultivateur.

Il arrive souvent que la contusion fend ou détache l'écorce; alors elle donne lieu à un chancre sec. Il est bien rare, dans cette hypothèse, qu'il n'y ait pas une paralysie de la section de tubes correspondants, si l'opération n'est pas immédiate. Le but de l'opération étant de réunir en deux faisceaux parallèles toute la section des tubes interrompus par la lésion, afin que la sève qui devait être fournie par ces tubes interrompus puisse l'être après la formation des deux bourrelets qui doivent fermer la plaie, cette formation et cette réunion en faisceau ne peuvent avoir lieu, si l'écorce froissée se dessèche ou se décompose.

Pour rendre intelligible ce qui précède, il est, je crois, nécessaire d'expliquer ce qui se passe dans la formation des bourrelets latéraux. Lorsque l'opération faite à propos enlève toute l'écorce lésée jusqu'au vif, et que l'incision a une forme éliptique terminée par deux pointes réunissant tous les tubes interrompus dans le sens longitudinal de l'arbre, chacun de ces tubes commence par faire une déperdition de sève qui bientôt se coagule à l'extrêmité de chaque tube. Il se forme en très-peu de temps une écorce nouvelle qui couvre toute la section rompue ; cette écorce devient rapidement un faisceau de nouveaux tubes qui font suite à ceux qui avaient été interrompus, et alors l'accroissement des bourrelets ou lèvres de la plaie les fait marcher à l'encontre l'un de l'autre, et petit à petit la plaie se recouvre ; il ne reste alors du mal que la carie si elle a eu lieu.

La carie diffère du chancre, en ce qu'elle produit la décomposition de l'aubier ou du cœur, et le chancre celle de l'écorce. La carie est ordinairement le résultat du chancre et la maladie intermédiaire entre le chancre et l'ulcère ; elle est causée par les effets du contact de l'air sur la partie de l'aubier dénudée ; l'aubier sèche d'abord, puis se décompose, comme toutes les substances inertes, par les influences météorologiques. La carie n'est pas dangereuse lorsqu'elle commence, elle ne le devient que lorsqu'elle est recouverte par l'écorce.

La carie une fois recouverte par l'écorce, se trouve exposée à un accident qui ne manque jamais de lui arriver. Il est bien rare qu'une parcelle d'arbre, à l'état de carie, ne soit pas habitée par quelques larves. Lorsque ces larves veulent opérer leurs métamorphoses, elles cherchent à sortir de la prison où elles se sont enfermées, elles sont forcées de percer l'écorce nouvelle qui est venue leur barrer le passage, de là ces écoulements sanieux qui suivent presque toujours un chancre recouvert, de là aussi le commencement de la pourriture de la carie et la naissance de l'ulcère. Ainsi, la carie, qui, en elle-même, n'est rien, tant qu'elle est exposée à l'air, devient plus dangereuse que le chancre qui l'a causée.

La grêle sur les jeunes mûriers et sur les pousses nouvelles des vieux donne naissance à une multitude de chancres et de caries et rend une taille complète indispensable. Certaines larves ou cirons, dans les sols fermentescibles et les climats chauds, donnent lieu au développement de quelques chancres. La *mousse* et les *lichens*, dans les terrains humides et dans les années pluvieuses, donnent aussi naissance à quelques *chancres*, mais ces cas sont très-rares; le *chancre* est toujours un mal provenant de la cohabitation du mûrier avec l'homme, et le résultat de son incurie ou de son mauvais vouloir; je crois même que cette maladie n'existerait pas, si l'on voulait la prévenir.

Des lichens champignons et mousses parasites.

Les lichens et les mousses parasites dont tous les botanistes ont parlé et dont les écrivains en physiologie végétale ont décrit les causes et les effets d'une manière si différente et si variée qu'on ne s'y reconnaît pas, sont des plantes vivaces dont l'atmosphère transporte la graine, et dont la décomposition de l'épiderme des grands végétaux entretient l'existence; ces *lichens* et ces *mousses* sont les mêmes que ceux qui s'attachent indifféremment partout où l'épiderme d'un corps vivant ou inerte est mise en décomposition par l'atmosphère. La décomposition du règne minéral convient à leur

accroissement tout aussi bien que celle du règne végétal ;
ils sont toujours l'annonce d'une carie ou d'une altération
dans la superficie du corps auquel ils s'attachent.

Chez les grands végétaux, elle est, ou l'annonce du
manque de vigueur, ou l'effet de l'humidité du lieu où ils
sont placés. Toujours est-il qu'ils ne s'attachent aux mûriers
que lorsque l'épiderme où ils s'enracinent est abandonnée
par la sève et mise en décomposition par les influences
météréologiques. Lorsque ces plantes parasites s'attachent
aux jeunes sujets, elles sont toujours l'indice d'une autre
maladie ou du manque de vigueur ; chez les mûriers de dix
ans et au-dessus, elles peuvent être le résultat ou d'un mal
être, ou de l'humidité.

Dans les sols fertiles, bien cultivés, chauds et aérés, les
lichens et les *mousses* sont toujours l'indice d'une décomposition d'épiderme provenue de maladie ou de manque de soins.
Mais dans les plantations serrées et humides, cette décomposition tient plus souvent à l'état des lieux qu'à une maladie.

Cette décomposition d'épiderme chez les mûriers d'un
certain âge, a pour première cause les crevasses ou fissures
que l'arbre est obligé de faire à son écorce pour faciliter son
accroissement. L'arbre est obligé, pour que ces fissures ne
dénudent pas son aubier, de se créer une nouvelle épiderme
dont la couche est inférieure à celle de la première. La
vitalité de celle-ci ne tient qu'à son adhérence avec celle
qui l'a remplacée ; il y a chez elle absence de circulation de
fluide séveux. Dans les localités sèches et aérées, sa
décomposition est lente ; dans les lieux humides, elle est
rapide ; cela explique la préférence des lichens et mousses
pour les lieux humides.

Dans les climats froids, sujets à essuyer des hivers longs et rigoureux, des brouillards froids, du givre et du verglas, la décomposition de l'épiderme des arbres est plus ordinaire, et les mousses et lichens y sont plus abondants que dans le midi ; ils y sont rarement l'annonce d'une maladie, mais bien le résultat du climat et de l'état des lieux.

Ces lichens, que tous les auteurs du midi ont signalés comme très-dangereux et très-nuisibles, ne le sont pas autant qu'ils ont bien voulu nous le faire croire. Chez eux, où ils sont l'indice d'un mal plus grave qu'ils leur attribuent, je comprends que leur présence ait pu être signalée comme très-dangereuse ; mais dans nos sols fertiles et humides, dans nos climats où de longs hivers, avec tous leurs fâcheux accessoires, viennent annuellement nous assaillir, la présence des nombreux lichens qui surgissent sur les tiges et les branches de nos mûriers, est un mal adhérent au lieu que nous habitons.

Quoique tous les auteurs les aient signalés comme vivant aux dépens de la sève de l'arbre, je ne suis pas du tout de leur avis. J'ai voulu m'en assurer par les recherches les plus scrupuleuses, et ces recherches m'ont convaincu que leurs racines n'étaient qu'un tissu très-serré qui s'attache extérieurement à l'épiderme, y tient par adhérence, et ne pénètre nullement dans les pores du bois. Si la sève des arbres était nécessaire à leur accroissement, je ne vois pas pourquoi ils grandiraient indifféremment sur un arbre vivant, sur son tuteur, sur une pierre ou tout autre objet. Le *lichen geraficus* de Linnée, un des plus beaux de cette nombreuse famille, que l'on trouve ordinairement sur des rochers, en est une preuve. J'ai recueilli des mousses et des lichens adhérents à l'écorce d'arbres morts. Leur accroissement et leur végétation étaient les mêmes sur ces écorces détachées des tiges que sur les tiges elles-mêmes, lorsque toutefois ces écorces détachées continuaient à être soumises aux mêmes influences météorologiques. Ainsi, je suis persuadé que le seul principe de vie pour ces plantes parasites, est la décomposition de l'épiderme du corps où elles s'attachent ; et la meilleure preuve qu'elles ne vivent pas de la sève, c'est qu'en rendant la vigueur et la santé à un mûrier, les lichens l'abandonnent au moment où ils trouveraient dans l'abondance de la sève le plus de moyens d'accroissement.

Ce n'est donc pas parce que les mousses et lichens vivraient aux dépens de la végétation du mûrier que je conseille de s'en débarrasser, c'est parce qu'ils peuvent lui nuire par toute autre manière : 1º leurs pattes ou racines adhérentes en s'étendant, peuvent, faute d'espace sur la partie de l'épiderme abandonnée par la sève, s'étendre sur sa partie vivace, boucher une partie des pores et diminuer la transudation ou l'absorption ; 2º parce que l'humidité qu'ils entretiennent augmente et hâte la décomposition de l'épiderme où ils se sont fixés ; ceux surtout qui se sont logés dans les fourchures, en y entretenant l'humidité, peuvent augmenter le danger de surgissement d'ulcères ou de chancres dans cette partie, et hâter la rupture des embranchements ; 3º enfin, parce que les arbres sur lesquels ces plantes parasites se sont logées, présentent un aspect triste et malade, et fournissent asile à une multitude d'insectes dévastateurs.

Lorsque la présence des lichens tient à un état maladif.

ou au rabougrissement de l'arbre, leur enlèvement n'est qu'une opération secondaire ; si l'arbre est jeune, une belle végétation, provenant des soins qu'on lui donnera, l'en débarrassera plus vite que la main de l'homme.

De toutes les plantes parasites qui s'attachent aux végétaux, les plus apparentes, qui sont les lichens, sont les moins dangereuses. Le *champignon mucor muceda* de Linnée, est bien plus à redouter ; ses ravages, dont j'ai parlé précédemment, ne doivent rien faire négliger pour le prévenir ou pour l'éloigner de nos plantations, s'il y a fait acte de présence. Je crois en avoir assez décrit les symptômes pour ne pas y revenir ici.

Depuis peu j'ai été à même de constater la présence d'un champignon que je ne connaissais pas, et dont j'attribue le développement à la présence des chrysalides de vers à soie enfoncées dans les plantations comme engrais. Ce champignon, dont la racine tient à l'aubier, dont la tige perce l'écorce de la racine, et dont la boule est visible à l'œil nu, quoique très-petite, est de couleur blanche ; il ne dépassait pas le collet des racines lorsque je l'ai observé, et une muscardine ou mousse blanche entourait le collet à la superficie du sol. Une multitude de larves, qui m'ont paru être celles du *scarabus melolontha* de Linnée, dévoraient ses racines, sa feuille était flétrie et l'arbre paraissait frappé d'*apoplexie*, du moins annonçait extérieurement tous les symptômes de cette maladie. Ces chrysalides de vers à soie avaient été enfouies en 1839 au bas de sa tige, et c'est en 1840 que l'arbre présentait les symptômes que je viens de décrire. Le liber et l'aubier des racines étaient en complète décomposition ; ce champignon que je n'avais jamais vu attaché aux racines du mûrier, est-il une variante du *champignon mucor*, ou un autre champignon créé par les chrysalides de vers à soie ? Est-il contagieux ou non ? Je l'ignore ; ce qu'il y a de positif, c'est que ce genre d'engrais donne naissance aux larves dont j'ai parlé et doit être proscrit de nos plantations. Un filateur des environs de Grenoble, M. Meffre, cultivateur distingué de mûriers, auquel je me suis adressé pour avoir des renseignements sur les effets de cet engrais de chrysalides, m'a assuré avoir fait dans ses plantations les mêmes observations, et m'a dit avoir trouvé beaucoup de rapport entre cette mousse blanche qui s'empare des racines et la *muscardine* qui attaque les vers à soie, et il n'est point éloigné de croire qu'il y ait beaucoup d'analogie entre ces deux maladies aux mûriers et aux vers à soie. Cette question approfondie pourra jeter un grand jour sur l'origine de ce fléau destructeur des magnaneries.

Il existe certainement d'autres champignons qui se développent sur la tige ou les racines du mûrier ; mais, ne les considérant que comme la suite de la mort et de la décomposition complète du *lignum*, je ne pense pas devoir ici parler d'un effet qui est ordinaire à la décomposition de tous les végétaux.

Des larves et punaises.

Dans la description qui précède des maladies de mûriers, je crois avoir suffisamment parlé des cas où les larves en sont la conséquence ou la cause ; je crois aussi avoir suffisamment

indiqué la manière dont elles exercent leurs ravages; je ne
crois pas utile d'y revenir ici. Mais il existe des insectes
d'une autre espèce qui attaquent aussi ce végétal.

Ces insectes sont les punaises qui s'attachent à l'épiderme
de la tige et des branches, se logent dans les fissures de
l'écorce, s'y collent, y déposent des œufs, y passent leur
existence entière, y meurent, et sont remplacées l'année
suivante par un plus grand nombre de même espèce.

Cette maladie est sérieuse, mais elle est extrêmement
rare et facile à guérir dès son principe. J'en attribue la cause
à l'état du sol et aux émanations fétides du lieu où le mûrier
est placé. La première fois que cette maladie m'est apparue
dans mes plantations, j'en étais moi-même la cause. J'avais
fait enfouir le cadavre d'un cheval entre deux mûriers
de 7 à 8 ans. L'année suivante, ils furent tous deux
couverts de punaises. Cette expérience, répétée plusieurs autres fois avec les cadavres d'autres animaux, m'a
donné les mêmes résultats. Tous les mûriers que j'ai vu
plus tard infectés de punaises, se trouvaient placés dans le
voisinage des bâtiments, dans les basse-cours, et en un
mot dans les localités peu aérées et dans un sol regorgeant
d'engrais. La surabondance d'engrais est donc, à mon avis,
la seule cause de cette maladie. Cette surabondance d'engrais donne à la sève un goût ou une qualité qui convient à
ces insectes, et cela est si vrai que j'ai coupé des branches
garnies de punaises et les ai portées sur des mûriers qui
n'en avaient pas, elles n'ont pas quitté la branche où elles
étaient nés, avant qu'elle ait été complètement desséchée;
alors une grande partie d'entr'elles a disparu, et quelques-
unes sont mortes sur la branche elle-même.

Ce qui m'a convaincu que la présence de ces punaises n'était due qu'à la surabondance des engrais, c'est que je n'ai rencontré cette maladie que sur des mûriers placés dans les localités dont j'ai parlé, J'ai fait enlever de jeunes mûriers infestés, pour les placer dans un sol moins engraissé, la maladie disparaissait d'elle même aussitôt que la nouvelle végétation arrivait.

Les insectes attaquent de préférence le bois de deux ou trois ans; ils rongent son épiderme, le détériorent et le couvrent de gersures; les branches ainsi rongées ne vivent pas long-temps et ne grossissent pas. Le rabougrissement et la mort de l'arbre sont la conséquence de cette maladie, si elle est négligée.

Cette maladie peut surgir en plein champ suivant le genre d'engrais que l'on répand sur l'aire des mûriers. Les engrais provenant de décompositions animales sont ceux qui m'ont paru le plus souvent y donner lieu. Tous les mûriers placés dans le voisinage de l'écoulement d'un évier y sont sujets, et très-peu échappent à la maladie. Il en est de même de ceux placés dans les lieux humides des cimetières, dans le voisinage des fosses d'aisance, ce qui me ferait penser que le gaz hydrogène ne serait point étranger à l'apparition de cet insecte. La maladie, heureusement, peut se guérir, et donne le temps au cultivateur d'y apporter remède.

De la rouille et de la jaunisse.

La rouille est une maladie peu dangereuse pour l'arbre; elle est ennuyeuse en ce qu'elle détériore les feuilles et nuit au produit. Elle ne peut atteindre que la partie herbacée du mûrier, et sa partie ligneuse en est toujours exempte.

Bien qu'un auteur ait écrit récemment *que la rouille a des graines qu'il ne faut pas conserver* (voir Millet de Saint-Maurice, dans son guide pratique du cultivateur de mûriers, pag. **247**), elle n'est qu'un accident causé par les effets météorologiques du soleil et de l'eau. Elle est produite ou par la volatilisation subite de la rosée ou de l'eau de pluie, et alors elle change la couleur des feuilles entières, les jaunit et les dessèche, ou bien elle est occasionée par des gouttes de pluie ou de rosée surprises par un soleil chaud sur les feuilles ; les rayons du soleil condensés par ces gouttes d'eau ou de rosée, produisent sur la feuille l'effet d'un verre de loupe, brûlent la place qu'elles occupaient, et laissent une tâche rousse ou brune qui se dessèche bientôt.

Cette maladie est commune aux arbres situés au bas des hautes montagnes et au couchant de tout point culminant, ou qui sont dominés par d'autres arbres plus élevés qui les exposent à être surpris par un soleil déjà chaud. Elle est générale dans les plantations serrées, dans les pépinières, dans les pourretières où la partie supérieure de chaque sujet est la seule que le soleil réchauffe en se levant, et où la partie inférieure, refroidie d'abord par l'évaporation de l'humidité de la partie supérieure, éprouve ensuite une transition subite du froid au chaud. La cause de cette maladie est l'opposée de celle de la *pleurésie* : c'est une transition trop rapide d'une température froide à une chaude, ou, dans le cas des tâches isolées sur les feuilles, une brûlure produite par les rayons du soleil condensés par les gouttes d'eau ou de rosée.

La rouille atteint ordinairement une grande multitude de jeunes pousses, sur les mûriers nouvellement taillés, dans l'intérieur des embranchements surtout. Si l'ébourgeonnement prescrit après la taille n'a pas été fait pour donner passage à l'air et aux rayons du soleil, les pousses intérieures frappées de *rouille* s'étiolent et périssent ensuite ; c'est ce qui explique cette multitude de petits scions dont la base seule ligneuse a résisté, et dont la pointe, au printemps suivant, est complètement morte. Le même accident arrive aux mûriers trop touffus, dont les brindilles intérieures, frappées de rouille, périssent souvent. Cet accident fait sentir le besoin d'échelonner et d'évaser les embranchements, afin que toutes les parties de l'arbre jouissent en même temps des bienfaits du soleil et fonctionnent à l'unisson.

Je ne connais aucun remède pour guérir la rouille ; le seul moyen de la prévenir, est de placer le mûrier dans une position aérée, et recevant les rayons du soleil avant qu'ils soient trop chauds ; avec ces précautions, la rouille ne peut tenir qu'à une transition atmosphérique contre laquelle l'homme ne peut rien.

La *jaunisse* peut être le résultat de la *rouille* ; mais comme elle est souvent le premier symptôme d'une maladie plus grave, il faut y prendre garde. Tout arbre frappé de la jaunisse doit être examiné avec la plus sérieuse attention. L'état de ses racines, de ses branches, de sa tige, de tout son être enfin, doit être vérifié scrupuleusement. Si la *jaunisse* est le résultat de la rouille, quelques soins, l'émondage et une bonne culture suffisent pour la faire disparaître ; mais si, au contraire, elle est l'avant-coureur de l'une des maladies organiques précédemment décrites, il convient de traiter cette maladie ainsi qu'il sera dit ci-après.

Du chancre noir.

Le *chancre noir* est une maladie sérieuse qui tient au manque de soins, à l'incurie ou à la négligence des planteurs. Il attaque les mûriers le plus ordinairement pendant l'année qui suit la transplantation, et quelquefois se développe par suite d'accidents ultérieurs ; son siége est dans les racines.

Deux causes le font surgir : 1° l'absence du fluide séveux dans cette partie ; 2° la fermentation des racines entassées après l'arrachis. Les causes qui amènent ou causent cette absence de sève sont nombreuses et se rattachent au fait de l'homme. La principale et la plus désastreuse ; est l'avidité des pépiniéristes et des négociants ou revendeurs de mûriers. Je profite de cette circonstance pour signaler un abus dont les conséquences fâcheuses sont de la plus haute gravité. Les pépiniéristes du midi, depuis nombreuses années, font le monopole de ce commerce. Ils arrachent des mûriers pour les livrer au commerce, en automne. Ces mûriers mutilés déjà par l'arrachis et réduits, si je puis m'exprimer ainsi, à leur plus simple expression, commencent par figurer sur les marchés des localités les plus voisines des pépinières. Là, se rendent les pacotilleurs qui leur font ensuite parcourir toute la France de marché en marché, qui les emballent, les déballent, les enterrent, les arrachent, les colportent çà et là, les exposent à la chaleur, à la pluie, au gel, etc., privés de leurs racines et de leurs branches et surtout de l'élément destiné à leur conserver la vie ; ils sont mutilés, froissés et desséchés, et ils arrivent enfin au lieu où ils doivent trouver le repos et la vie, privés de toutes les facultés, de tous les organes qui pourraient leur aider à se raviver. Leurs racines sont sèches ou pourries, leur écorce, leurs tubes, leurs fibres sont contractés; bref, le planteur attrapé, place dans un bon sol bien miné, bien amendé, *un cadavre.*

Outre la perte de temps qui est très-importante, celle de l'argent est immense. Un simple aperçu de ce qui s'est passé dans l'arrondissement de Grenoble seulement, peut donner une idée de l'énormité des sommes que ce fâcheux mode de commerce enlève à l'agriculture. Dans la tournée que j'ai faite comme instructeur à la culture du mûrier, j'ai reconnu que sur deux millions de mûriers environ que l'arrondisse-ment de Grenoble a plantés en quatre années, cinq cents mille tout au plus sont biens portants ; presque tous les autres atteints de cette fâcheuse maladie, sont languissants ou morts. Dans les terrains calcaires et fermentescibles surtout, la gravité du mal devrait attirer l'attention de l'autorité et l'engager à prendre des mesures pour changer ce mode de commerce. Proscrire ce commerce de la place ou le sou-mettre à une inspection, ou bien obliger les vendeurs à garantir la reprise et la santé, seraient je crois des mesures urgentes et indispensables.

Le *chancre noir*, au bout des racines, est une maladie incurable. Le sujet qui en est atteint peut quelquefois végéter encore, mais son existence est courte et son accroissement lent et rachitique. Il se manifeste le plus souvent après la transplantation, sur la section des racines; il décompose tous les tubes capillaires y aboutissant, les durcit en cette partie, et forme, à leur extrémité, une croûte noire charbonnée qui intercepte toute communication de la partie supérieure de l'arbre avec le sol. Il empêche la formation et le développement de toute nouvelle racine sur la section, et s'il embrasse tout le pourtour de le section, il ne peut surgir de nouvelles racines que sur le corps de la racine principale dans les lieux où l'on a supprimé les chevelus ou les petites racines latérales; ce qui explique la reprise de quelques mûriers ainsi chancrés, leur peu de vigueur et leur mort prématurée.

Ce chancre surgit aux racines partout où elles ont été froissées et partout où l'écorce a été détachée, mais lorsque la racine est saine et vivace à la section, ces chancres sont moins dangereux, la végétation ultérieure de l'arbre les recouvre et les enveloppe.

La fermentation des racines entassées les unes sur les autres est un principe de *chancre noir*. Les racines de pourrettes surtout que l'on emballe et entasse les unes sur les autres et que l'on arrose ainsi emballées pour les maintenir fraîches, sont bientôt en état de fermentation et ne manquent jamais de prendre, dans cette circonstance, les principes d'une maladie mortelle.

Un sol calcaire et sec au moment de la transplantation, peut faire naître aux racines vivaces d'un mûrier bien portant le chancre noir, mais il faut pour cela que la terre que l'on met sur ces racines soit dans un état de séchéresse tel qu'elle ne puisse fournir aucuns sucs, et, qu'au contraire, elle attire à elle tous ceux que contiennent la tige et les racines ; que cet état de séchéresse se prolonge assez après la transplantation, pour que la racine et la tige sèchent ; alors il arrive au mûrier placé dans cette condition, ce qui arrive à tout arbre qui meurt faute d'humidité : ses racines fermentent d'abord, le chancre noir surgit après. Mais ces cas sont extrêmement rares et ne peuvent se présenter que dans des sols arides et fermentescibles à l'excès.

Il y a quelques cas exceptionnels très-rares où le mûrier peut être guéri ou plutôt débarrassé du chancre noir : ce sont ceux où il a conservé l'existence, où sa végétation, quoique chétive, a néanmoins une apparence de santé. L'opération n'est pas facile, mais on peut, à l'automne, lorsque le mouvement de la sève s'arrête complètement, découvrir les racines, en évitant le plus possible de léser les nouvelles qui se sont formées, supprimer les parties chancrées, et lui rendre la vie ; cette opération m'a réussi quelquefois.

Si l'arbre meurt, en place du *chancre noir*, la pourriture de ses racines développe le champignon *mucor*. Le mûrier chez lequel le chancre noir et par suite la pourriture des racines développent le champignon *mucor*, se couvre, sur tous les nœuds de sa tige, d'une légère teinte rose ; son enlèvement doit être immédiat afin que la place ne soit pas empoisonnée.

Des dégâts occasionés par les rats.

Les rats sont des ennemis cruels, surtout pour les jeunes mûriers. Ils sont très-friands de leur écorce, et si l'on n'y prend pas garde dans les terrains qui en sont peuplés, leurs ravages sont très–sérieux. Ces animaux sont d'autant plus dangereux, que l'on ne s'aperçoit de leurs ravages que lorsqu'il n'est plus temps d'y rémédier.

Leur dent cruelle donne le chancre noir et des ulcères partout où ils endommagent l'écorce des racines, mais le lieu où ils attaquent l'arbre le plus souvent, c'est à quelques centimètres au-dessous de la superficie du sol, au lieu où finit l'écorce de la tige et commence le collet. Ils ont, en très–peu de temps, fait le tour de l'arbre et établi une solution de continuité complète entre la tige et les racines, et ce qu'il y a de plus malheureux, c'est que leur présence n'est annoncée que lorsque cette solution de continuité est complète.

Ces animaux doivent être poursuivis par tous les moyens que la nature et la science ont mis à la disposition de l'homme ; les binages fréquents pour rompre leurs souter–rains, les piéges, le poison, tout doit être mis en œuvre pour les exterminer. Parmi les poisons que j'ai employés, l'extrait de noix vomique ou *strichnine*, combiné en très-petite dose avec des fruits ou des noix et du fromage sec râpé, mélangés et mis en boulettes, m'a paru le plus sûr et le plus expéditif.

§ II.

Précautions et remèdes.

La description qui précède des maladies des mûriers est, je crois, assez détaillée et assez explicative pour que les planteurs, tant soit peu intelligents, devinent la majeure partie des remèdes qu'il convient de leur appliquer. Comme bon nombre de ces maladies sont plus faciles à prévenir qu'à guérir, le détail des remèdes et des opérations sera court et indiqué sommairement.

Contre le rabougrissement.

Lorsque le rabougrissement provient de l'exiguité du trou dans lequel on a planté le mûrier, le remède se devine facilement. La première opération consiste à découvrir les racines, à supprimer les chevelus près du collet, épointer les racines principales, défoncer une aire vaste tout autour du trou primitif, donner de l'engrais à cette aire nouvelle. Cette opération peut se faire en automne ou au printemps; au printemps, la taille des branches et l'ébourgeonnement qui doit la suivre sont indispensables dans les deux cas.

Si le rabougrissement provient d'une plantation trop profonde, il faut déchausser l'aire du mûrier et réduire le niveau de cette aire à celui du collet des racines; vérifier leur état afin de savoir si la profondeur à laquelle elles ont été enfouies n'a pas développé quelques maladies dans cette partie ; si elles sont saines, il convient de les élaguer, en supprimant leurs chevelus près du collet et de les épointer, défoncer et fumer l'aire nouvelle et tailler et ébourgeonner au printemps.

Dans le cas où par suite de l'exiguité du trou les racines n'ayant pas pu percer les parois de ce trou (cela arrive souvent dans les sols compactes) et auraient tournoyé dans ce trou et se seraient repliées sur elles-mêmes, il faut découvrir complètement les racines, nettoyer le chevelu qui, dans ce cas, ressemble à une perruque, couper les racines principales à la coudure, faire aux branches une taille rase et ébourgeonner en mai, aggrandir l'aire et fumer. L'opération inférieure se fait indifféremment en automne ou au printemps ; mais la taille des branches toujours au printemps.

La cueillette des feuilles trop répétée, celle faite en temps inopportun ainsi qu'une taille intempestive, peuvent donner lieu au rabougrissement ; dans ces trois hypothèses, la taille au printemps, l'engrais et le repos de deux ans, la suppression après la taille des nouvelles branches superflues, sont les seuls remèdes applicables.

Contre la pourriture des racines.

Cette maladie, l'une des plus graves auxquelles les mûriers soient sujets, étant plus facile à prévenir qu'à guérir, offre peu de chances de guérison. Néanmoins, lorsqu'on s'y prend à temps et qu'elle est elle-même le principe du mal au lieu d'être la conséquence d'une autre maladie, il y a des moyens qui m'ont réussi quelquefois.

Lorsque la pourriture des racines provient du manque d'air produit par le tassement du sol, il faut remuer jusques à elles toute l'aire présumée des racines, découvrir le collet et le laisser pendant au moins un mois exposé aux influences atmosphériques ; pratiquer sur chacune des racines principales, à dix centimètres environ du collet, une incision en forme d'amende et d'une dimension proportionnée à la grosseur de chacune d'elles (de 4 à 8 centimètres de longueur et de 2 à 4 centimètres de largeur), afin d'amener dans cette partie une suppuration qui débarrasse la tige et les racines du superflu de sève qui cause le mal. Ces incisions ou *cautères* ne doivent pas dépasser l'épaisseur de l'écorce. Il faut également saupoudrer le collet et les racines, au lieu où elles sont découvertes, de poussière de chaux vive ; s'il y a quelques racines complètement pourries, il convient de les supprimer ras le collet ; si la pourriture a commencé par les extrémités, il convient d'uovrir une tranchée circulaire autour de l'arbre, à une distance qui varie selon la grosseur, opérer la taille aux racines en deçà de la partie attaquée par le mal, laisser les sections de racines exposées à l'air pendant quelques jours, mettre de la chaux vive en poussière dans la tranchée avant de la combler, raffraîchir la section des racines au moment où on les recouvre ; après cette opération, la taille complète de la partie supérieure est indispensable, elle doit être proportionnée à la taille des racines. L'enlèvement complet des bouts de racines supprimés est nécessaire, et l'aire qu'ils ont occupée doit être bouleversée de fond en comble et fumée et désinfectée à l'aide de la poussière de chaux.

Lorsque la pourriture des racines pivotantes arrive au

collet (les symptômes dont j'ai parlé au § précédent en avertissent), il faut opérer comme il est dit ci-dessus pour les racines horisontales; seulement, la taille de ces racines doit être légère, c'est-à-dire la tranchée circulaire plus éloignée de la tige; mais la suppression complète du pivot radical doit être immédiate. Pour opérer cette suppression, il faut découvrir le collet, chercher entre les racines horisontales un intervalle où l'on puisse creuser un trou; avec un ciseau et un maillet on coupe facilement le pivot sans endommager les autres racines. Il est quelquefois impossible d'aller assez bas pour supprimer le pivot en entier; on se contente alors d'en supprimer le plus qu'on peut, de manière à mettre entre la section supérieure et l'inférieure au moins 50 centimètres de distance. La suppression du pivot radical une fois faite, il faut répandre de la chaux vive au fond du trou que l'on a pratiqué pour prévenir les effets de la pourriture de la partie des racines restée en terre, changer la terre qui doit combler le trou, et ne le remblayer que quatre ou cinq jours après l'opération.

Il est fâcheux que ces racines pivotantes qui sont celles qui rendent le plus de services à l'arbre dans les sols arides, soient celles qui lui nuisent le plus dans les sols humides; cette maladie peut cependant se prévenir, et j'engage tous ceux qui possèdent des terrains semblables à ceux dont j'ai parlé au § précédent, à ne pas négliger la précaution que je vais leur prescrire.

Dans les sols humides, le pivot radical doit être supprimé lors de la plantation à demeure, et trois ans après cette plantation, il faut visiter les racines, pratiquer, dans un endroit marqué d'avance par le tuteur, un trou semblable

à ceux que nous faisons pour planter un échalas, voir s'il
ne s'est pas formé de nouvelles racines pivotantes, et, dans
ce cas, les supprimer avec un instrument semblable à celui
que les charpentiers appellent *bis-aiguë*. Cette précaution
qui doit être prise au mois de mars et suivie de la taille aux
branches, prévient la maladie et ne nuit nullement à la
vigueur des jeunes mûriers.

Le gel aux racines mises à nud pendant l'hiver, les rats
et les larves peuvent donner lieu à un commencement de
pourriture aux racines, la suppression des racines attaquées,
l'emploi de la chaux, la taille des branches, sont les seuls
moyens à employer dans ces diverses circonstances.

Contre la paralysie.

La paralysie étant une maladie qui n'attaque l'arbre que
partiellement, la suppression de la partie paralysée, si elle
n'embrasse pas la moitié du système de l'arbre, est le seul
remède applicable; la taille et le repos de l'autre moitié,
dans le cas où la moitié de l'arbre serait envahie, est nécessaire. Il convient cependant de procéder différemment suivant la cause et la gravité du mal.

Si la paralysie est occasionée par un accident survenu
aux branches et n'en a embrassé qu'une partie sans
atteindre la tige et les racines, une taille franche aux branches, suivie de deux années de repos, peut raviver l'arbre.
Mais si, par suite de la paralysie des branches, le mal a
envahi la section des tubes correspondants de la tige jusques
au collet, il faut enlever jusqu'à la partie vivace l'écorce de

la tige dans sa longueur, et terminer cet enlèvement, au lieu où la paralysie s'arrête, par une pointe, ou du moins cette incision doit avoir la forme d'un cône renversé. Si la racine correspondante à la section des tubes paralysés l'est aussi, elle doit être supprimée avec la branche en même temps que la section des tubes de la tige y correspondant dans toute sa longueur, de sorte que tout l'aubier de la tige recouvert par l'écorce paralysée se trouve dénudé par l'opération.

Si, au contraire, la paralysie occasionée par un accident survenu à une ou plusieurs racines n'a pas encore éteint l'existence d'une ou plusieurs branches et ne s'est annoncée que par l'inertie de la partie correspondante ou par la mort de quelques pointes de branches, la taille à la partie supérieure, suivie du repos, la suppression des racines paralysées et l'enlèvement de la section de l'écorce correspondant en forme de cône droit, à partir de la racine supprimée jusques à une hauteur proportionnée à la largeur de la base du cône, hauteur qui, pour les racines les plus grosses, ne doit jamais excéder un mètre, sont le seul moyen pour empêcher le mal d'étendre ses ravages. Cette opération a pour but de réunir au reste du système la partie correspondante à celle paralysée. L'opération en forme de cône renversé réunit, par les bourrelets qui se forment sur les côtés de l'incision, tous les tubes correspondants à la partie supprimée, et fait profiter aux branches vivaces les sucs fournis par les racines et destinés aux branches qui n'existent plus ; et *vice versâ*, l'opération en sens inverse fait fournir aux racines vivaces tous les sucs de la partie supérieure. Cette opération est applicable à tous les cas de suppression complète de l'une des parties de l'arbre.

La paralysie est quelquefois occasionée par la rouille, par une transition atmosphérique; cet accident n'arrivant presque jamais qu'en été, lorsqu'il est trop tard pour pratiquer une taille franche, on ne peut se permettre, pour le moment, qu'un léger élagage et un bon binage, mais la taille au printemps suivant est de rigueur, et le repos de deux ans indispensable. Je ne saurais assez recommander aux cultivateurs de mûriers de ne jamais opérer sans vérifier l'état des racines, autrement ils s'exposeraient à opérer mal et à produire l'effet opposé à celui qu'ils attendent.

Contre les ulcères.

L'*ulcère*, ainsi qu'il a été dit au § précédent, est un écoulement sanieux provenant d'une lésion quelconque survenue à la partie ligneuse de l'arbre. La profondeur de cette lésion varie, et le point de départ de l'écoulement est quelquefois le cœur de l'arbre. L'opération qui peut en pallier les fâcheux effets, doit avoir pour but de donner à l'abcès un écoulement ou une issue, elle doit donc être pratiquée de manière à ce que le réservoir ou sac de cet abcès soit extérieurement ouvert; quelle que soit la position où il se trouve, il doit être attaqué franchement. L'ouverture pour arriver à lui, doit être la plus étroite possible, dans le sens longitudinal de l'arbre, et pratiquée au-dessous du trou ou fente par où a lieu l'écoulement sanieux. Il faut arriver à lui en montant; lorsqu'on est parvenu à l'ulcère, il faut enlever avec soin toutes les parties cariées ou pourries jusqu'au vif, et ménager toujours la partie inférieure de l'ouverture, de

manière à ce que l'épanchement de la sève qui suivra l'opération, si elle est faite pendant la végétation, ait lieu extérieurement. Il ne serait point mal de brûler tout l'intérieur
de l'ouverture avec un fer rouge, si la sève est en circulation
lorsqu'on opère. Dans le cas où cette circulation n'existerait
pas, un enduit de goudron ou d'onguent de saint-Fiacre est de
rigueur sur les parois intérieures de l'ouverture, mais cet
enduit doit être apposé de manière à ne pas en boucher
complètement la partie inférieure.

Cette opération qui est très-facile pour les ulcères à la
tige, devient difficile pour ceux qui se trouvent dans l'embranchement, et encore plus difficile pour ceux qui se
trouvent au collet. Je me suis servi pour opérer, suivant la
position, d'un *ciseau*, d'un *bec—d'âne* ou de la *bis—aiguë*; du
bec—d'âne, lorsqu'il n'existait pas d'ouverture pour arriver à
l'ulcère, et du *ciseau*, lorsqu'il n'était besoin que d'approprier les parois d'une ouverture par où l'écoulement avait
lieu. Il m'est arrivé d'ouvrir dans toute la longeur de sa tige
un vieux mûrier creusé par un ulcère, d'arriver jusqu'au
vif du cœur, qui se trouvait près du collet, et de rendre à
ce malheureux une très-belle végétation. Un cas semblable
se présente bien rarement. L'épanchement intérieur d'une
ulcère ne pardonne presque jamais.

Contre l'apoplexie et l'asphixie.

L'*apoplexie* provenant du refoul de sève et d'un encombrement de sève dans les racines, le remède se devine
facilement ; la taille aux racines et, quatre jours après, celle

aux branches, voilà je crois, avec un bon binage, le seul remède qui convienne. Il convient également de pratiquer des cautères au collet.

L'asphixie résultant d'un encombrement de sève dans la partie supérieure, la taille aux branches, des cautères sur les principales racines, un bon binage, peuvent ramener une bonne végétation. Trois ou quatre ans de repos sont à peine suffisants pour détruire les traces de ces affreuses maladies.

Contre la pleurésie.

La pleurésie n'est pas bien sérieuse si elle est traitée convenablement. Une taille légère, de fréquents binages, le repos, l'engrais et l'épointage des racines, la guérissent complètement. Si cette maladie devient souvent sérieuse, c'est que ceux qui possèdent des mûriers qui en ont été atteints, n'y prennent pas garde, continuent à les dépouiller de leurs feuilles, jusqu'à ce que les branches, de languissantes qu'elles étaient, deviennent sérieusement malades et périssent tout à coup.

Contre les chancres et caries.

Quelle que soit la cause qui donne lieu à l'apparition d'un chancre, il doit être opéré aussitôt qu'on l'aperçoit. Toutes les fois qu'une lésion ou contusion quelconque est faite à l'écorce, la partie lésée ou froissée doit être enlevée à l'instant même ; l'opération faite incontinent a l'immense avantage de prévenir le mal, d'empêcher la suppuration qui produit le chancre, et d'arrêter la carie de l'aubier, ce qui est, par la suite, très-important. Elle a de plus l'avantage de n'embrasser que la section des tubes froissés, tandis que plus tard elle embrasse en plus tous ceux que le chancre a détruits. Avant l'apparition du chancre comme après, l'incision, pour le prévenir comme pour l'enlever, doit être la même, c'est-à-dire avoir la forme elliptique dans le sens longitudinal de l'arbre ; l'ellipse doit avoir ses deux pôles terminés par une pointe chacun. Sa dimension doit être proportionnée à celle du chancre, et ses parois présenter une écorce saine et blanche. La profondeur de l'incision ne doit pas excéder l'épaisseur de l'écorce. L'aubier carié doit être enlevé avec soin, afin que, plus tard, il ne donne pas lieu à un ulcère. L'incision doit être enduite d'onguent de saint-Fiacre, de goudron ou de toute substance propre à arrêter la carie, en isolant l'aubier des influences atmosphériques.

Contre les lichens et mousses.

Les lichens et mousses sont des plantes parasites qui, si elles ne nuisent pas essentiellement à la végétation, ne lui sont d'aucune utilité ; et comme l'humidité, qu'elles entretiennent sur l'écorce, contribue à la décomposer, il est nécessaire de les faire disparaître et d'empêcher leur retour.

Pour les enlever, une forte brosse, un bouchon de paille ou un racloir en bois, peuvent les extirper en grande partie.

L'opération doit être faite après un jour de pluie. Pour prévenir ensuite le retour de ces plantes incommodes, il n'est
point mal d'enduire les tiges et les branches principales d'une
dissolution de potasse; cet enduit est infiniment préférable
au lait de chaux que l'on emploie dans beaucoup d'endroits.
La chaux est peu soluble et ses mollécules mêlées avec l'eau,
divisées à l'infini, se nichent, lorsqu'on s'en sert pour enduit
aux 'mûriers, dans tous les pores de la tige, y intercep-
tent l'air, et peuvent nuire à la végétation. La potasse, au
contraire, naturellement très-soluble, produit d'abord sur
les racines de lichens l'effet qu'on attend, puis est complètement délavée après quelques jours de pluie, et dis-
paraît.

Il y a quelques mois, un propriétaire de mon département m'indiqua, comme enduit excellent contre les lichens,
le petit lait tourné à l'aigre. Ce cultivateur, que j'ai toute
raison de croire digne de foi, m'assura que depuis long-
temps, il n'employait pas autre chose pour la destruction
des lichens. Ses arbres effectivement n'en avaient pas.
J'ai fait moi-même cet essai sur quelques mûriers, après
les avoir brossés; je n'ai pas vu reparaître de lichens;
mais il y a trop peu de temps que j'ai appliqué cet enduit
pour que je puisse, avec certitude, leur attribuer leur dispa-
rition. Si ce remède, que tous les cultivateurs possèdent,
est bon, je ne doute pas qu'avant peu, nos plantations ne
soient débarrassées de ces plantes parasites.

Dans les plantations où les lichens et les mousses sont
la conséquence du rabougrissement et d'une mauvaise
culture, les enduits ne sont pas ce qu'il y a de plus important à faire; de fréquents binages, de l'engrais, la taille et

le repos sont les plus cruels ennemis des lichens, dans tous les sols et dans tous les climats.

Il me sera impossible de donner ici aucun remède contre cette muscardine blanche, occasionée par l'engrais des chrysalides de vers-à-soie; il y a trop peu de temps que cette maladie m'est connue, je n'ai pas encore pu l'étudier. Je ne connais contre le champignon mucor d'autres remèdes que la suppression des racines qui en sont infestés, le changement du sol qu'elles ont habité, et la désinfection du sol voisin avec de la chaux vive. Je considère comme perdu, le mûrier dont toutes les racines en sont atteintes.

Contre les larves et les punaises.

Le seul remède contre les larves est leur destruction. La suppression des bois cariés qu'elles habitent, des enduits compactes qui empêchent de nouvelles caries, la précaution de boucher les moëlles des branches lorsqu'on les taille, et d'enduire les sections, sont des moyens propres à prévenir ou à arrêter leurs désastres, et ces précautions ou remèdes s'appliquent à toutes les parcelles de bois morts, ou à celles qui le deviennent forcément par la taille. Mais les moyens de prévenir l'introduction de certaines larves dans l'écorce vivace, de leur empêcher de la percer, de la labourer en tous sens, me sont inconnus. Le seul symptôme qui indique leur présence, est un écoulement sanieux qui s'épanche ordinairement par l'ouverture qu'elles ont faite pour entrer, et cet écoulement n'annonce quelquefois leur présence que lorsqu'elles sont prêtes à

quitter leur retraite pour leur métamorphose. Les pour-
suivre et les tuer sont le seul moyen ; reste, après leur destruction, une opération semblable à celle prescrite pour
extirper un chancre : l'enlèvement complet de l'écorce dans
une étendue qui embrasse tout leur parcours, l'incision
ayant une forme qui réunisse toute la section des tubes
interrompus par la larve.

La destruction des punaises est plus facile, et quoique
la maladie qu'elles donnent aux mûriers soit mortelle si on
ne la combat pas, elle est d'une très-facile guérison. Il
faut, pour débarrasser un mûrier de ces sales insectes, lui
faire une taille franche aux branches qui doivent être immédiatement enlevées et transportées loin de sa tige ;
enduire les sections d'onguent de St-Fiacre ; déchausser
l'arbre et lui enlever toute la superficie de son aire jusques aux racines ; remplacer cette aire par d'autre terre
moins substantielle ; laisser le collet de l'arbre découvert
pendant au moins 15 jours ; répandre au tour, avant de
remblayer, quelque peu de poussière de chaux ; laver, immédiatement après la taille, les tronçons de branches et la
tige avec une dissolution de potasse, et dans le cas où il
apparaîtrait quelques nouvelles punaises, il faut répéter la
lotion de dissolution de potasse. Voilà le seul remède qui
m'ait toujours réussi, et qui est, je crois, le seul praticable
en pareille circonstance.

Contre la rouille et la jaunisse.

Lorsque ces maladies ne sont que le résultat d'une transition atmosphérique, et qu'elles n'embrassent que la partie

herbacée de l'arbre, un élagage ou une taille légère, de fréquents binages, l'engrais et le repos, voilà le seul traitement rationnel. Mais lorsque la jaunisse est l'annonce ou le résultat d'un mal plus grave, et dérive d'un dérangement dans le système de végétation, provenant de la partie ligneuse, il faut alors traiter la maladie ainsi qu'il convient de le faire dans les maladies précédemment décrites, et lui appliquer les remèdes prescrits pour ces maladies.

Contre le chancre noir.

Je considère le chancre noir, comme une maladie incurable lorsque toutes les racines en sont atteintes, et comme très-difficile à guérir, lorsqu'elles ne sont chancrées que partiellement. Ce qui rend cette maladie incurable, c'est qu'on ne soupçonne sa présence que lorsque ses ravages sont sans remède. Il est impossible de préciser l'époque où un mûrier qui vient d'être transplanté, donnera des signes d'une bonne végétation ; chez certains sujets, la circulation du fluide séveux, le développement des bourgeons sont plus lents que chez d'autres ; la fin de juin arrive quelquefois avant que certains sujets donnent signe de vie, quoique bien portants, tandis que d'autres brouissent leurs feuilles en avril ; comment connaître ceux qui sont attardés par le chancre noir, et les distinguer de ceux qui le sont par leur propre organisation ? C'est une chose impossible. Ce n'est qu'à la deuxième année de la transplantation, que ceux qui n'ont pas péri à la première, et qui sont atteints du chancre noir se font distinguer à la différence de leur végétation ; il est alors bien tard pour opérer. Néanmoins, il convient de s'assurer, en découvrant les racines si elles sont toutes envahies, (dans ce cas l'arbre n'aura formé que quelques chevelus sur le corps de ses racines principales); si elles le sont toutes, il faut l'arracher et le remplacer par un autre; s'il n'y en a qu'une ou deux, il faut les tailler proprement, répandre autour d'elle un peu de terreau, et les recouvrir immédiatement ; cela peut raviver le sujet. Après cette opération aux racines, la taille aux branches est de rigueur.

Chez les pourrettes dont les racines ont fermenté, le chancre noir est incurable. Toute la partie de la racine altérée par la fermentation doit être supprimée avec le plus grand soin, autrement il n'y a aucune chance de succès. Quelques planteurs craignent de raccourcir trop ces racines de pourrettes, quelques-uns même les conservent toutes ; cette pratique ne vaut rien; pour se la permettre, il faudrait que la racine de la pourrette ne fût lésée nulle part par l'arrachis, et qu'elle passât immédiatement du pourretier à la plantation à demeure. Vingt-quatre heures après l'arrachis, s'il fait chaud ou sec, la moitié de la racine de la pourrette est morte, et a dans son sein le germe du chancre noir.

Ici se termine mon ouvrage sur cette intéressante culture. Je livre au public, avec confiance et bonne foi, le résultat de mes observations, de mes recherches, et d'une longue pratique.

FIN.

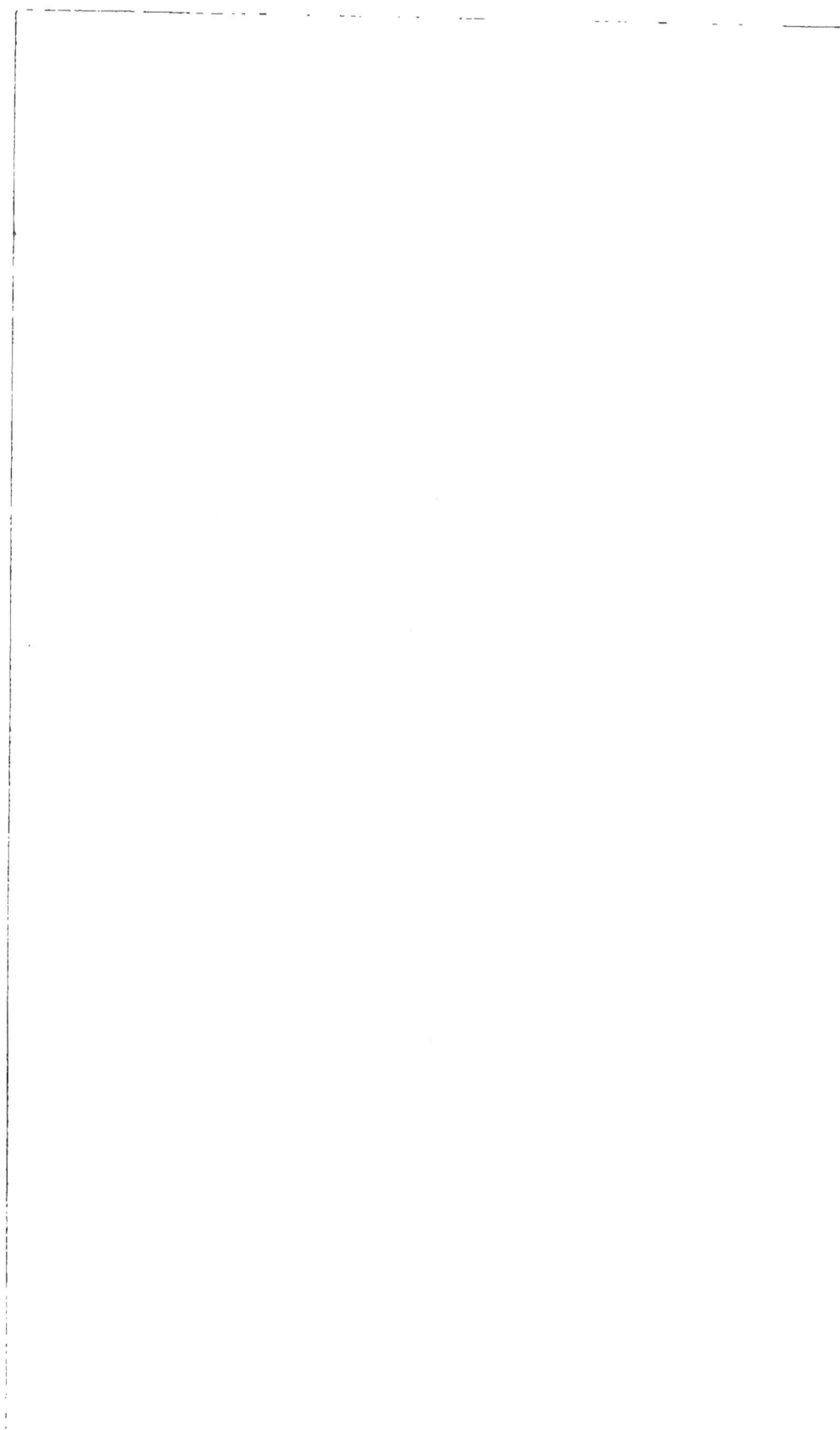

TABLE

GÉNÉRALE DES MATIÈRES.

CHAPITRE Ier.

CHAPITRE II.

DE LA REPRODUCTION DU MURIER PAR GRAINES ; DU SEMIS, DE
LA MARCOTTE ET DE LA BOUTURE.

CHAPITRE III.

TRAITÉ DES PÉPINIÈRES.

CHAPITRE IV.

DES PLANTATIONS A DEMEURE.

CHAPITRE V.

DE LA CULTURE ET DES SOINS DE LA PREMIÈRE ANNÉE DE LA PLANTATION A DEMEURE.

CHAPITRE VI.

DES DIVERSES VARIÉTÉS DE MURIERS.

CHAPITRE VII.

DE LA GREFFE.

CHAPITRE VIII.

DE LA TAILLE.

CHAPITRE IX.

DES MALADIES DES MURIERS.

Maladies organiques.

249

GRENOBLE.

TYPOGRAPHIE DE F. ALLIER, IMPRIMEUR – LIBRAIRE,

GRAND'RUE, COUR DE CHAULNES.

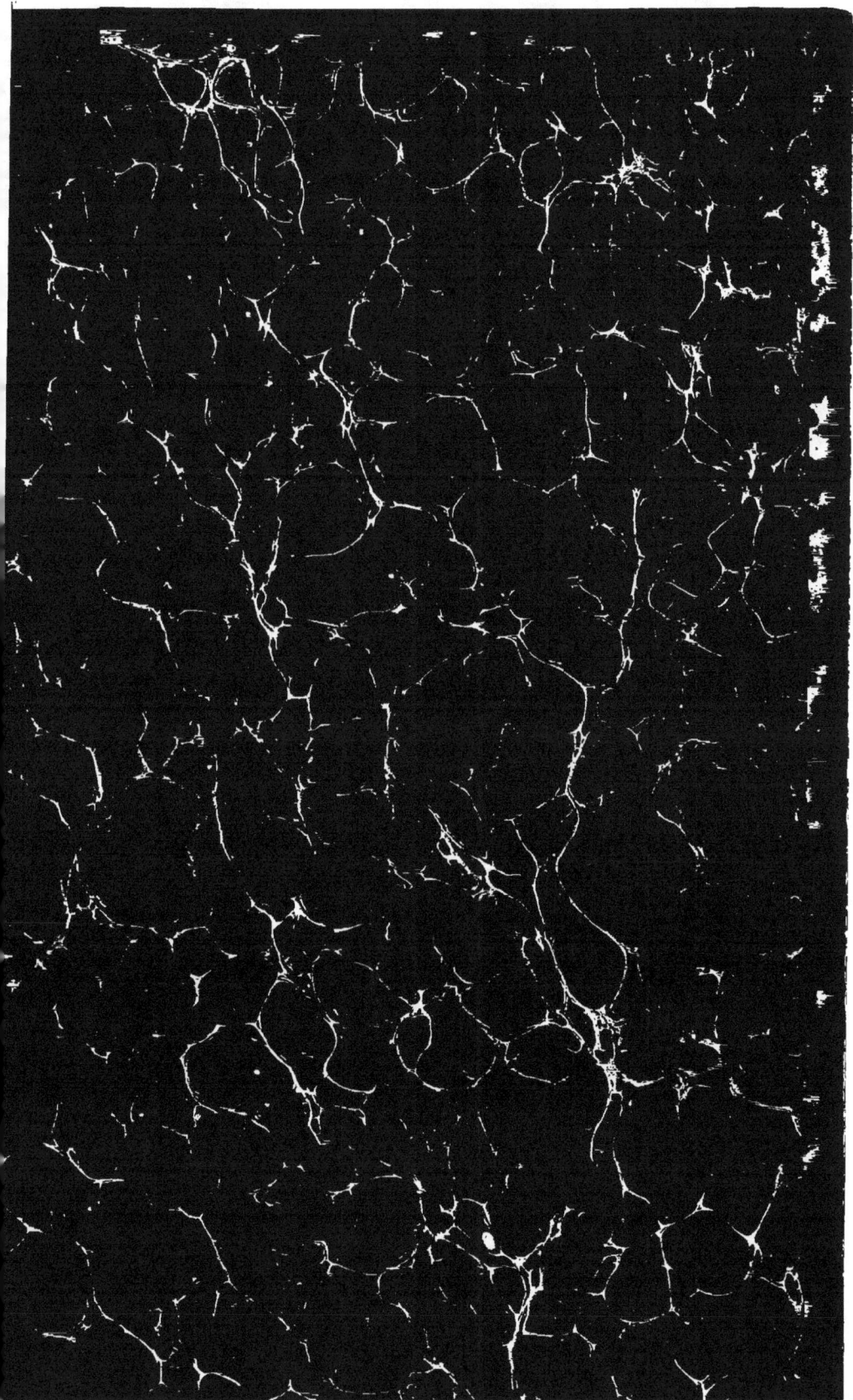

BIBLIOTHEQUE NATIONALE DE FRANCE

3 7531 03988490 4

www.ingramcontent.com/pod-product-compliance
Lightning Source LLC
Chambersburg PA
CBHW070305200326
41518CB00010B/1900